全国高等院校设计学"十二五"规划系列教材

总 主 编：熊建新 宁 钢
副总主编：姚腊远 甘赛雄

FLASH DESIGN AND APPLICATION

Flash设计应用

著者 张萍萍

广西美术出版社

编委会

序

　　随着艺术学成为一门独立设置的学科门类，设计学荣升为一级学科，这对我国高等院校设计学的人才培养既是一个新的机遇，又是一个新的挑战。为了更好地培养人才，设计学的相关教材做出相应的改变和革新。为适应这种变化，广西美术出版社组织全国高校的专家学者编写了一套新思维、新方法的全新教材。经过两年多的编写，并经多次学术会议研讨和整改，最终完成了这套全新的设计学教材。该系列教材涵盖环境设计、产品设计、视觉传达设计、服装设计、数字媒体、公共艺术等相关专业，先后出版近三十册。每册教材的主编都是高校一线教师，具有丰富的教学经验和学科理论水平，并有着较强的实践能力。教材的内容充分考虑了设计学的授课规律，在理论阐述上融入了许多国内外优秀案例，紧跟世界前沿的最新设计思潮，并体现新材料、新技术、新工艺的广泛应用。在编排上以实际的课程教学进度为依据，把学时数融入章节中，便于教师把握课程教学的节奏，优化教学效果。该系列教材的编写还得到国内多位著名专家学者的支持和帮助，他们在教材的编写过程中提出了许多宝贵的意见。该系列教材主要针对我国高等院校设计专业的学生和在职的年轻设计师编写，力求融理论性、科学性、前瞻性、知识性为一体，深入浅出，图文结合，可读性、可操作性强，可作为授课教材和自学教材。

　　本系列教材的出版首先感谢广西美术出版社的大力支持，同时感谢国内设计学专业著名专家的指导，感谢各高校的支持和帮助。

　　本系列教材在编写的过程中由于时间仓促，有许多不足之处，请广大读者批评指正。

中国工艺美术大师
南昌航空大学艺术与设计学院院长、教授

目录

第一章
Adobe Flash
Professional
CS6概述

授课时数： 4课时

教学目标： 学生通过本章的学习，能够掌握Adobe Flash Professional CS6的功能特点、新增功能等。

教学重点： 让学生能够了解并掌握Adobe Flash Professional CS6的功能特点。

教学难点： 充分调动学生对Adobe Flash Professional CS6的学习热情和积极性。了解Adobe Flash Professional CS6的新增功能。

Adobe Flash Professional CS6概述

一、Adobe Flash Professional CS6创建要求

1.功能特点

Adobe Flash Professional CS6 软件是用于创建动画和多媒体内容的强大的创作平台。设计身临其境，而且在台式计算机、平板电脑、智能手机和电视等多种设备中都能呈现一致效果的互动体验。

2.硬件环境

Windows：

Intel Pentium4 或 AMD Athlon 64 处理器

带服务包 3 或 Windows7 的 Microsoft

Windows XP

2GB 内存（推荐 3GB）

3.5GB 可用硬盘空间用于安装；安装过程中需要额外的可用空间（无法安装在可移动闪存设备上）

1024×768 显示屏（推荐 1280×800）

Java Runtime Environment 1.6（随附）

DVD-ROM 驱动器

多媒体功能需要 QuickTime 7.6.6 软件

Adobe Bridge 中的某些功能依赖于支持 DirectX 9 的图形卡（至少配备 64MB VRAM）

Mac OS：

Intel 多核处理器

Mac OSX10.6 或 10.7 版

2GB 内存（推荐 3GB）

4GB 可用硬盘空间用于安装；安装过程中需要额外的可用空间（无法安装在使用区分大小写的文件系统的卷或可移动闪存设备上）

1024×768 显示屏（推荐 1280×800）

Java 运行时环境 1.6

DVD-ROM 驱动器

多媒体功能需要 QuickTime 7.6.6 软件

Flash CS6

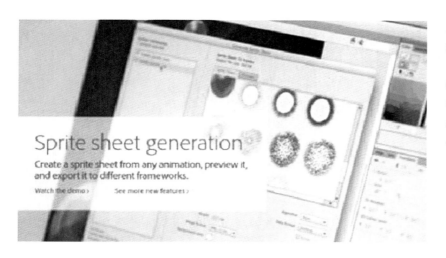

二、Adobe Flash Professional CS6新增功能

Adobe Flash Professional CS6 软件内含强大的工具集，具有排版精确、版面保真和丰富的动画编辑功能，能帮助您清晰地传达创作构思。

Adobe Flash Professional CS6 对 HTML5 的新支持以 Flash Professional 的核心动画和绘图功能为基础，利用新的扩展功能（单独提供）创建交互式 HTML 内容。导出 Javascript 来针对 CreateJS 开源架构进行开发。

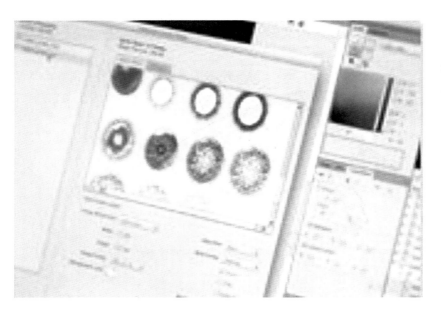

生成 Sprite 表单

导出元件和动画序列，以快速生成 Sprite 表单，协助改善游戏体验、工作流程和性能。

锁定 3D 场景

使用直接模式作用于针对硬件加速的 2D 内容的开源 Starling Framework，从而增强渲染效果。

高级绘制工具

借助智能形状和强大的设计工具，更精确有效地设计图稿。

行业领先的动画工具

使用时间轴和动画编辑器创建和编辑补间动画，使用反向运动为人物动画创建自然的动画。

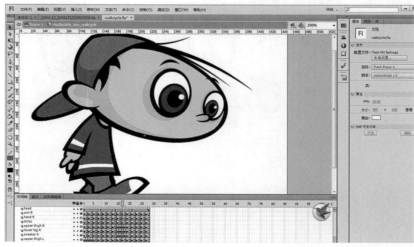

Flash CS6

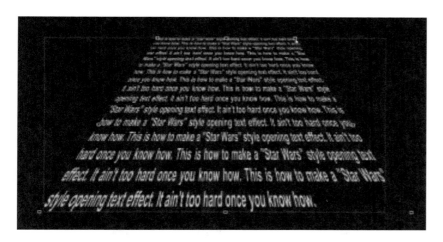

高级文本引擎

通过"文本版面框架"获得全球双向语言支持和先进的印刷质量排版规则 API。从其他 Adobe 应用程序中导入内容时仍可保持较高的保真度。

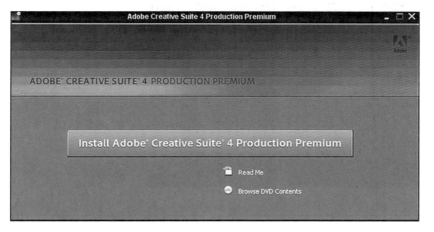

Creative Suite 集成

使用 Adobe Photoshop CS6 软件对位图图像进行往返编辑，然后与 Adobe Flash Builder4.6 软件紧密集成。

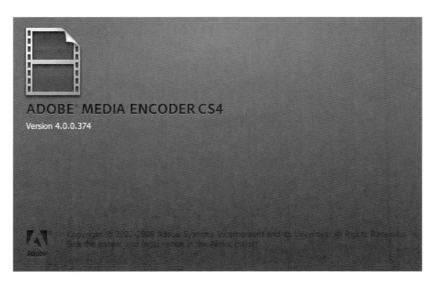

专业视频工具

借助随附的 Adobe Media Encoder 应用程序，将视频轻松并入项目中并高效转换视频剪辑。

滤镜和混合效果

为文本、按钮和影片剪辑添加有趣的视觉效果，创建出具有表现力的内容。

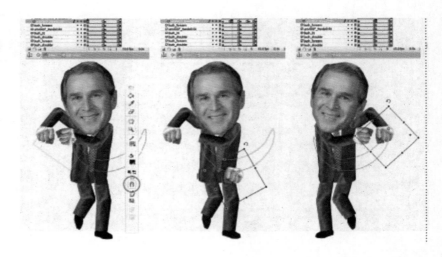

基于对象的动画

控制个别动画属性，将补间直接应用于对象而不是关键帧。使用贝赛尔手柄轻松更改动画。

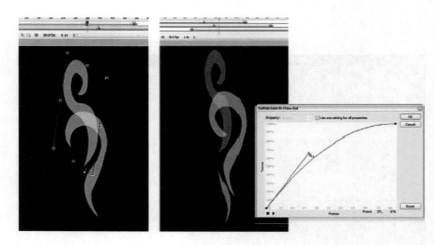

3D 转换

借助激动人心的 3D 转换和旋转工具，让 2D 对象在 3D 空间中转换为动画，让对象沿 x、y 和 z 轴运动。将本地或全局转换应用于任何对象。

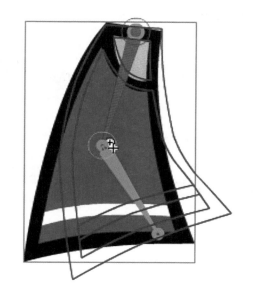

骨骼工具的弹起属性

借助骨骼工具的动画属性，创建出具有表现力、逼真的弹起和跳跃等动画属性。强大的反向运动引擎可制作出真实的物理运动效果。

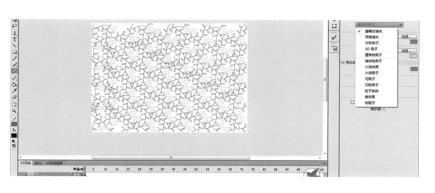

装饰绘图画笔

借助装饰工具的一整套画笔添加高级动画效果。制作颗粒现象的移动（如云彩或雨水），并且绘出特殊样式的线条或多种对象图案。

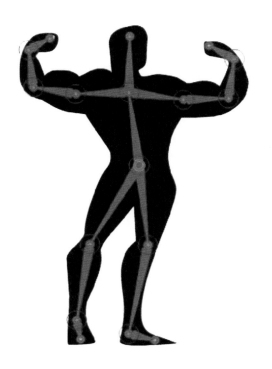

轻松实现视频集成

您可在舞台上拖动视频并使用提示点属性检查器，简化视频嵌入和编码流程。在舞台上直接观赏和回放FLV组件。

反向运动锁定支持

将反向运动骨骼锁定到舞台，为选定骨骼设置舞台级移动限制。为每个图层创建多个范围，定义行走循环等更复杂的骨架移动。

Flash CS6

统一的 Creative Suite 界面

借助直观的面板停放和弹起加载行为简化您与 Adobe Creative Suite 版本中所有工具的互动，大幅提升您的工作效率。

精确的图层控制

在多个文件和项目间复制图层时，保留重要的文档结构。

返回顶部快速编写代码和轻松执行测试

使用预制的本地扩展功能可访问平台和设备的特定功能，以及模拟常用的移动设备应用互动。

特定平台和设备访问

使用预置的本地扩展功能访问特定平台与设备的功能，例如电池电量和振动。

Adobe AIR 移动设备模拟

模拟屏幕方向、触控手势和加速计等常用的移动设备应用互动来加速测试流程。

ActionScript 编辑器

借助内置 ActionScript 编辑器提供的自定义类代码提示和代码完成功能，简化开发作业。有效地参考您本地或外部的代码库。

基于 XML 的 FLA 源文件

借助 XML 格式的 FLA 文件实施，更轻松地实现项目协作。解压缩项目的操作方式类似于文件夹，可使您快速管理和修改各种资源。

代码片段面板

借助为常见操作、动画和多点触控手势等预设的便捷代码片段，加快项目完成速度。这也是一种学习 ActionScript 的更简单的方法。

顺畅的移动测试

在支持 Adobe AIR 运行时并使用 USB 连接的设备上执行源码级调试，直接在设备上运行内容。

有效地处理代码片段

使用 pick whip 预览并以可视方式添加 20 多个代码片段，其中包括用于创建移动和 AIR 应用程序、用于加速计以及多点触控手势的代码片段。

Flash Builder 集成

与开发人员密切合作，让他们使用 Adobe Flash Builder 软件对您的 FLA 项目文件内容进行测试、调试和发布，能够提高工作效率。

返回顶部创建一次，即可随处部署

使用预先封装的 Adobe AIR captive 运行时创建应用程序，在台式计算机、智能手机、平板电脑和电视上呈现一致的效果。

广泛的平台和设备支持

锁定最新的 Adobe Flash Player 和 AIR 运行时，使您能针对 Android 和 iOS 平台进行设计。

高效的移动设备开发流程

管理针对多个设备的 FLA 项目文件。跨文档和设备目标共享代码和资源，为各种屏幕和设备有效地创建、测试、封装和部署内容。

创建预先封装的 Adobe AIR 应用程序

使用预先封装的 Adobe AIR captive 运行时创建和发布应用程序。简化应用程序的测试流程，使终端用户无需额外下载即可运行您的内容。

在调整舞台大小时缩放内容

元件和移动路径已针对不同屏幕大小进行优化设计，因此在进行跨文档分享时可节省时间。

简化的"发布设置"对话框

使用直观的"发布设置"对话框，更快、更高效地发布内容。

跨平台支持

在您选择的操作系统上工作 Mac OS 或 Windows。

元件性能选项

借助新的工具选项、舞台元件栅格化和属性检查器提高移动设备上的 CPU、电池和渲染性能。

增量编译

使用资源缓存缩短使用嵌入字体和声音文件的文档编译时间，提高丰富内容的部署速度。

自动保存和文件恢复

即使在计算机崩溃或停电后，也可以确保文件的一致性和完整性。

多个 AIR SDK 支持

使用可帮您轻松创建新出版目标的菜单命令添加多个 Adobe AIR 软件开发工具包（SDK）。

第二章

Adobe Flash Professional CS6界面讲解

授课时数： 8课时

教学目标： 学生通过本章的学习，能够熟悉Adobe Flash Professional CS6的创建、界面等。

教学重点： 让学生能够了解并掌握Adobe Flash Professional CS6的界面和常用v工具。

教学难点： 让学生掌握Adobe Flash Professional CS6的界面与基本菜单栏的功能。

Adobe Flash Professional CS6的创建

安装好 Adobe Flash Professional CS6 软件后，点击启动 Adobe Flash Professional CS6 时，会显示界面的开始页面，有 3 个大块分布，分别是：打开最近的项目，新建，从模板新建。选择新建→Flash 文件（ActionScript3.0），创建 Flash 影片文件，效果如图：

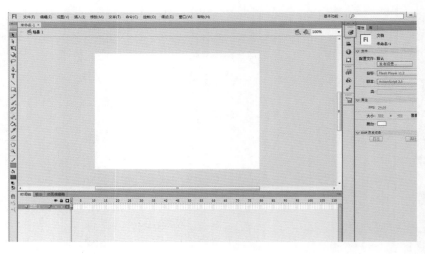

注：勾选开始页面左下角的"不再显示此对话框"选项，在以后启动 Flash 时，程序将直接创建一个新的 Flash 影片文件，而不再显示开始页面。如图：

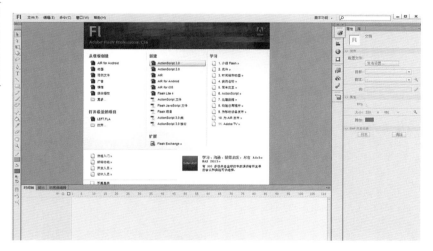

第二节
Adobe Flash Professional CS6界面讲解

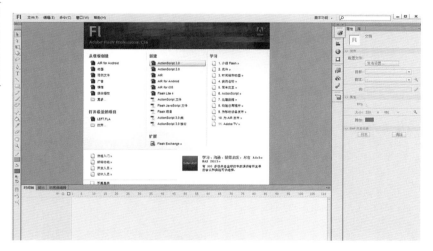

Flash 在每次版本升级时都会对界面进行优化，以提高设计人员的工作效率。Flash CS6 的工作界面更具亲和力，使用也更加方便，打开 Flash CS6 软件，其工作界面显示如图：

文件(F) 编辑(E) 视图(V) 插入(I) 修改(M) 文本(T) 命令(C) 控制(O) 调试(D) 窗口(W) 帮助(H)

一、菜单栏

菜单栏中分类提供了 Flash CS6 中所有的操作命令，几乎所有的可执行命令都可在这里直接或间接地找到相应的操作选项。如图：

Flash CS6 工具界面顶部的菜单栏中包含了用于控制 Flash 功能的所有菜单命令，共包含了"文件"、"编辑"、"视图"、"插入"、"修改"、"文本"、"命令"、"控制"、"调试"、"窗口"和"帮助"这11 种功能的菜单命令，是 Flash 中重要的组成部分。

1."文件"菜单

"文件"菜单下的菜单命令多是具有全局性的，如"新建"、"打开"、"关闭"、"保存"，"导入"、"导出"、"发布"、"AIR 设置"、"ActionScript 设置"、"打印"、"页面设置"以及"退出"等命令。如图：

2."编辑"菜单

"编辑"菜单中提供了多种作用于舞台中各种元素的命令，如"剪切"、"复制"、"粘贴"等。另外在该菜单下还提供了"首选参数"、"自定义工具面板"、"字体映射"及"快捷键"的设置命令。如图：

3."视图"菜单

"视图"菜单中提供了用于调整 Flash 整个编辑环境的视图命令，如"放大"、"缩小"、"标尺"、"网格"等命令。如图：

4."插入"菜单

"插入"菜单中提供了针对整个"文档"的操作，比如在文档中"新建元件"、"场景"、"时间轴"等。如图：

5."修改"菜单

"修改"菜单中包括了一系列对舞台中元素的修改命令，如"转换为元件"、"变形"等，还包括了对文档的修改等命令。如图：

文件菜单

编辑菜单

插入菜单

视图菜单

修改菜单

文本菜单

命令菜单

控制菜单

调试菜单

窗口菜单

帮助菜单

6."文本"菜单

"文本"菜单中可以执行与文本相关的命令，如设置"字体"、"样式"、"大小"、"字母间距"等。如图：

7."命令"菜单

Flash CS6 允许用户使用 JSFL 文件创建自己的命令，在"命令"菜单中可运行、管理这些命令或使用 Flash 默认提供的命令。如图：

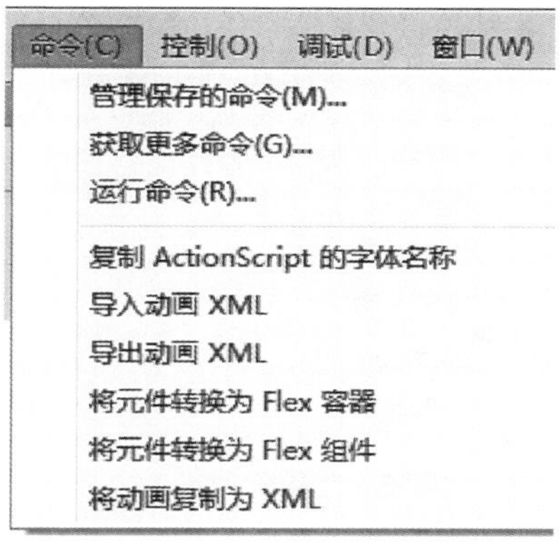

8."控制"菜单

"控制"菜单中可以选择"测试影片"或"测试场景"，还可以设置影片测试的环境，例如用户可以选择在桌面或移动设备中测试影片。如图：

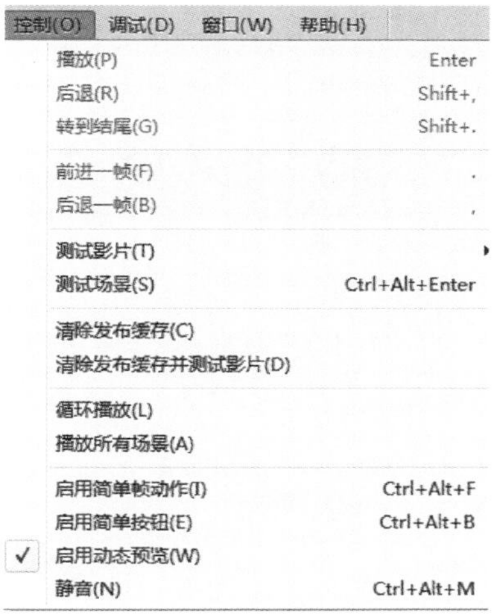

9."调试"菜单

"调试"菜单中提供了影片调试的相关命令，如设置影片调试的环境等。如图：

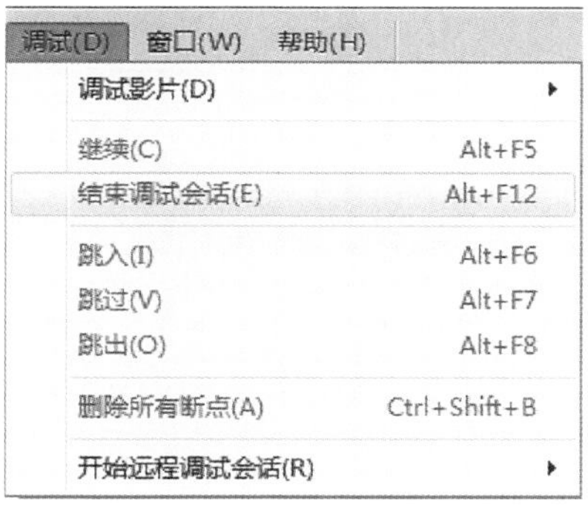

10."窗口"菜单

"窗口"菜单中主要集合了Flash 中的面板激活命令，选择一个要激活的面板的名称即可打开该面板。如图：

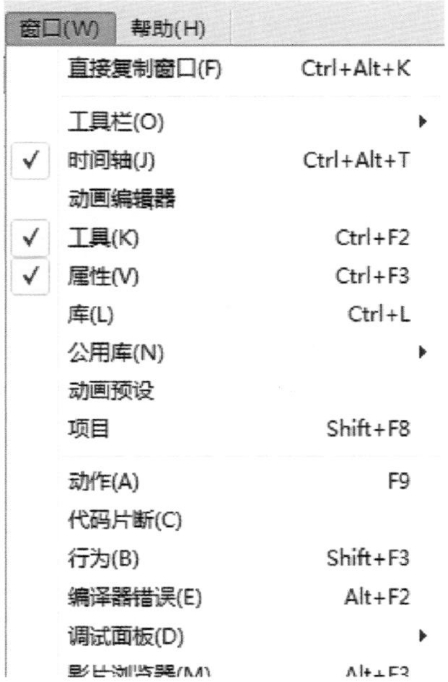

11."帮助"菜单

"帮助"菜单中含有 Flash 官方帮助文档，也可以选择"关于Adobe Flash Professional"来了解当前 Flash 的版权信息。如图：

二、基本功能

Flash CS6 提供了多种软件工作区预设，在该选项的下拉列表中可以选择相应的工作区预设，选择不同的选项，即可将 Flash CS6 的工作区更改为所选择的工作区预设。在列表的最后提供了"重置基本功能"、"新建工作区"、"管理工作区" 3 种功能，"重置基本功能"用于恢复工作区的默认状态，"新建工作区"用于创建个人喜好的工作区配置，"管理工作区"用于管理个人创建的工作区配置，并可执行重命名或删除操作。如图：

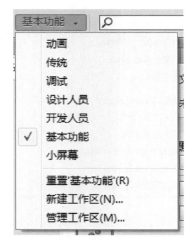

基本功能

三、"文档窗口"选项卡

"文档窗口"选项卡中可显示文档名称，当用户对文档进行修改而未保存时，则会显示"*"号作为标记。如果在 Flash CS6 软件中同时打开了多个 Flash 文档，可以单击相应的文档窗口选项卡，进行切换。如图：

文档窗口

四、搜索框

该选项提供了对 Flash 中功能选项的搜索功能，在该文本框中输入需要搜索的内容，再按 Enter 键即可。如图：

搜索框

五、编辑栏

左侧显示当前"场景"或"元件"，单击右侧的"编辑场景"按钮，在弹出的菜单中可以选择要编辑的场景。单击旁边的"编辑元件"按钮，在弹出的菜单中可以选择要切换编辑的元件。

如果希望在 Flash 工作界面中设置显示／隐藏该栏，则可以执行"窗口＞工具栏＞编辑栏"命令，即可在 Flash CS6 工作界面中设置显示／隐藏该栏。如图：

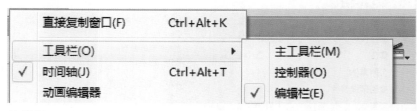

编辑栏

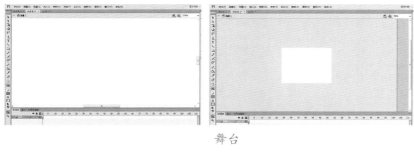

舞台

时间轴

浮动面板

六、舞台

动画显示的区域，用于编辑和修改动画。如图：

舞台是用户在创建 Flash 文件时放置图形内容的区域，这些图形内容包括矢量插图、文本框、按钮、导入的位置或者视频等。如果需要在舞台中定位项目，可以借助网格、辅助线和标尺。Flash 工作界面中的舞台相当于 Flash Player 或 Web 浏览器窗口中在播放 Flash 动画时显示 Flash 文件的矩形空间，在 Flash 工作界面中可以任意放大或缩小视图，以更改舞台中的视图。

七、"时间轴"面板

"时间轴"面板也是 Flash CS6 工作界面中的浮动面板之一，是 Flash 制作中操作最为频繁的面板之一，几乎所有的动画都需要在"时间轴"面板中进行制作。如图：

对于 Flash 来说，"时间轴"面板很重要，可以说，"时间轴"面板是动画的灵魂。只有熟悉了"时间轴"面板的操作使用方法，才能够在制作 Flash 动画时得心应手。时间轴用于组织和控制文档内容在一定时间内播放的图层数和帧数。与胶片一样，Flash 文件也将时长分为帧。图层就像是堆叠在一起的多张幻灯片，每个图层都包含一个显示在舞台中的不同图像。

八、浮动面板

用于配合场景、元件的编辑和 Flash 的功能设置，在"窗口"菜单中执行相应的命令，可以在 Flash CS6 的工作界面中显示/隐藏相应的面板。

九、工具箱

在工具箱中提供了 Flash 中所有的操作工具，如笔触颜色和填充颜色，以及工具的相应设置选项，通过这些工具可以在 Flash 中进行绘图、调整等相应的操作。如图：

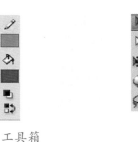 

工具箱

十、"属性"面板和其他面板

Flash CS6 提供了许多自定义工作区的方式，可以满足用户的需要。使用"属性"面板和其他面板，可以查看、组织、更改媒体和资源及其属性，可以显示、隐藏面板和调整面板的大小，还可以将面板组合在一起保存自定义面板设置，以使工作区符合用户的个人偏好。

钢笔属性　　　　颜料桶属性　　　　文本属性

1. "属性"面板

使用"属性"面板，可以很容易地访问舞台或时间轴上当前选定项的常用属性，从而简化文档的创建过程。用户可以在"属性"面板中更改对象或文档的属性，而不必访问用于控制这些属性的菜单或者面板。如图：

根据当前选定的内容，"属性"面板可以显示当前文档、文本、元件、形状、位图、视频、组、帧或工具的信息和设置，所示为不同对象的"属性"面板。当选定了两个或多个不同类型的对象时，"属性"面板会显示选定对象的总数。

属性面板

2. "库"面板

"库"面板是存储和组织在 Flash 中创建的各种元件的地方，它还用于存储和组织导入的文件，包括位图、声音文件和视频剪辑等。执行"窗口＞库"命令，可以打开"库"面板，如图所示。单击"库"面板右上方的"新建

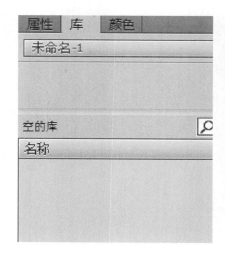

库面板

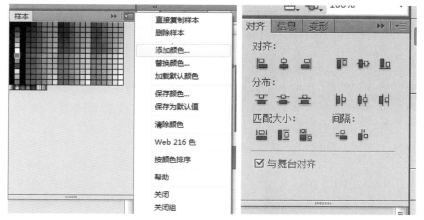

动作面板　　　　　　　　　　　　　　对齐面板

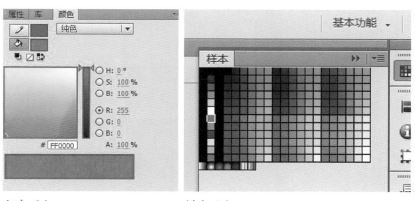

动画编辑器面板

颜色面板　　　　　　　　　样本面板

库面板"按钮,可以新建多个库,便于在设计开发工作中对多个文档或一个文档含大量库资源时进行操作。如图:

3."动作"面板

用户使用"动作"面板,可创建和编辑对象或帧的ActionScript代码。执行"窗口＞动作"命令,或按快捷键F9,可以打开"动作"面板,选择关键帧、按钮或影片剪辑实例,可以激活"动作"面板。如图:

4."动画编辑器"面板

创建一个补间动画的一般做法是编辑不同帧上的元件后创建相应的补间,而"动画编辑器"面板就是用于控制补间的,选中一个补间或补间动画的元件可以看到"动画编辑器"面板中显示的信息,右侧显示对应项目的曲线,如"alpha"曲线和"缓动"曲线表示元件的透明度和运动变化曲线,曲线是可编辑的。如图:

5."颜色"面板

执行"窗口＞颜色"命令,打开"颜色"面板,"颜色"面板可用于设置笔触、填充的颜色和类型、alpha值,还可对Flash整个工作环境进行取样等操作。如图:

6."样本"面板

执行"窗口＞样本"命令,打开"样本"面板,如图:

"样本"面板用于样本的管理,单击"样本"面板右上角的下三角按钮,可以弹出面板菜单,菜单包含"添加颜色"、"删除样本"、"替换颜色"、"保存颜色"等命令。如图:

7. "对齐"面板

执行"窗口>对齐"命令，打开"对齐"面板。如图：

选中多个对象后，可以在"对齐"面板中对所选对象进行左对齐、垂直居中等对齐方式的设置。

8. "信息"面板

执行"窗口>信息"命令，打开"信息"面板。如图：

它用于显示当前对象的"宽"、"高"、原点所在的X/Y值，及鼠标的坐标和所在区域的颜色状态。

9. "变形"面板

执行"窗口>变形"命令，打开"变形"面板。如图：

"变形"面板可以执行各种作用于舞台上对象的变形操作，如"旋转"、"3D旋转"等操作，其中"3D旋转"只适用于"影片剪辑"元件，"变形"面板还提供了"重制选区和变换"操作，以提高重复使用同一变换的效率。

10. "代码片断"面板

执行"窗口>代码片断"命令，打开"代码片断"面板。如图：

在该面板中含有Flash为用户提供的多组常用元件，选择一个元件后，在"代码片断"面板中双击一个所需要的代码片断，

Flash就会将该代码插入到动画中，这个过程可能需要用户根据个人需要手动修改少数代码，但在弹出的"动作"面板中都会有详细的修改说明，在"代码片断"面板中还可以自行添加、编辑，或者删除"代码片断"。

11. "动画预设"面板

执行"窗口>动画预设"命令，打开"动画预设"面板。如图：

该面板可以将其预设中的动画作为样式应用在其他元件上。只需要选中要应用预设动画的元件，打开"动画预设"面板，在列表中选择一款喜欢的动画预设并单击"应用"按钮即可。

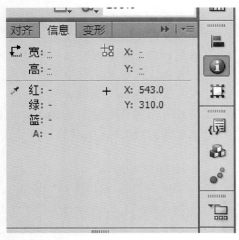

信息面板

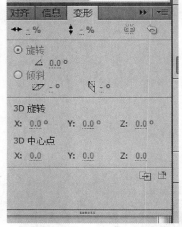

变形面板

代码片断面板

动画预设面板

本章小结

本章主要介绍了有关Flash动画的相关基础知识，了解Flash动画的基础知识对于学习Flash动画制作是非常有必要的。在本章中还带领学生一起认识了全新的Flash CS6软件，对Flash CS6的工作界面以及新增功能等内容进行了详细的介绍，使学生对全新的Flash CS6能够有一个全面的了解，为后续章节学习Flash软件的操作打下坚实的基础。

第三章
Adobe Flash Professional CS6绘图工具讲解

授课时数： 8课时

教学目标： 学生通过本章的学习，能够了解Adobe Flash Professional CS6的各种绘图工具。

教学重点： 让学生能够使用Adobe Flash Professional CS6绘制各种图形。

教学难点： 让学生习惯使用计算机软件进行图形的绘制，由传统的纸质绘画转变为电脑绘图。

第一节
Adobe Flash Professional CS6
绘图工具讲解

工具箱中包含有较多工具，每个工具都能实现不同的效果，熟悉各个工具的功能特性是Flash学习的重点之一。Flash默认工具箱由于工具太多，一些工具被隐藏起来，在工具箱中，如果工具按钮右下角含有黑色小箭头，则表示该工具中还有其他隐藏工具。

选择变换工具

工具箱中的选择变换工具包括了"选择工具"、"部分选取工具"、"套索工具组"、"任意变形

工具"和"渐变变形工具"，利用这些工具可对舞台中的元素进行选择、变换等操作。

绘画工具

绘画工具包括"钢笔工具组"、"文本工具"、"线条工具"、"矩形工具组"、"铅笔工具"、"刷子工具组"以及"Deco工具"，这些工具的组合使用能让设计者更方便地绘制出理想的作品。

绘画调整工具

该组工具能让设计者对所绘

制的图形、元件的颜色等进行调整，它包括"骨骼工具组"、"颜料桶工具组"、"滴管工具"、"橡皮擦工具"。

视图工具

视图工具中含有"手形工具"用于调整视图区域，"缩放工具"用于放大或缩小舞台大小。

颜色工具

颜色工具主要用于"笔触颜色"和"填充颜色"的设置和切换。

选择变换工具

绘画工具

绘画调整工具

视图工具

颜色工具

第二节
Adobe Flash Professional CS6
绘图工具使用讲解

要对图形进行编辑，必须先要选择它；Flash CS6提供了各种选择方法，包括选择工具、套索工具及键盘快捷命令。在图形的绘制和编辑过程中，需要使用查看工具来辅助用户进行操作；Flash CS6也提供了各种查看方法，包括手形工具、缩放工具及显示比例的设置。

一、使用选择工具选择对象

选择工具 ➤ 是最常用的绘图辅助工具，可以选择、移动和编辑对象。该工具默认的选项区域如图：

包括"贴紧至对象"按钮、"平滑"按钮和"伸直"按钮。无相应的"属性"面板。如右图

选择工具一般具有以下几个功能：

选择对象

单击工具箱中的"选择工具"按钮，单击需要编辑的对象可将其选中。

移动对象

单击选中要编辑的对象，然后按住鼠标左键拖动鼠标便可以

选择工具

把要编辑的对象移动到场景的任意位置，当位置确定后，释放鼠标即可。

编辑对象

使用选择工具可以改变线条或分离图像的形状，还可以编辑"对象绘制"模式图像的边缘。

二、使用套索工具选择对象

利用套索工具 ➷ 可以精确地选择对象，并且可以选择对象的任意区域图像，前提是图像是打散（分离）的状态。在工具箱中选择套索工具，无相应的"属性"面板。

包括"魔术棒"、"魔术棒设置"和"多边形模式"。

三、使用手形工具查看对象

在Flash动画的制作过程中，如果舞台设置显示比例较大，超出场景范围，可能无法看到整个舞台及其图像的边缘，此时可以利用手形工具 ✋ 即可移动舞台，方便用户查看编辑对象。手形工具无相应的"属性"面板和选项区域。

四、使用缩放工具查看对象

在Flash场景中如果图形太小，就不能看清图形内容，并且无法编辑对象的细节；如果图形太大，则难以看到图形的整体，这时可以使用缩放工具 🔍 来放大或缩小图形。

五、移动、删除与复制对象

在 Flash CS6 对对象进行编辑时，可以通过在舞台上拖动、剪切并粘贴、使用方向键，或用"属性"面板指定精确的位置等方法来移动对象。可以通过拖动或粘贴来复制对象，还可以使用变形面板进行变形操作。

一、移动对象

移动对象常用的有 4 种方法，分别是：拖动、使用方向键、使用"属性"面板和使用"信息"面板。

二、复制对象

如果需要绘制的图形和已有图形相同，可以将已有图形进行复制。在 Flash 中，复制图形的方法有如下 3 种：

选择要复制的对象，选择"编辑"→"复制"命令或按【Ctrl+C】键复制，再选择"编辑"→"粘贴到中心位置"命令或按【Ctrl+V】键粘贴即可，若选择"编辑"→"粘贴到当前位置"命令或按【Ctrl+Shift+V】键可以将对象粘贴到原位置。

用选择工具选择对象后，按住【Ctrl】键不放并拖动鼠标进行复制。

用任意变形工具选择对象后，按住【Alt】键不放并拖动鼠标进行复制。

三、删除对象

删除对象可以将其从文件中删除。删除舞台上的实例不会从库中删除元件。选中要删除的对象后，按【Delete】键或按【Backspace】键或选择"编辑"→"清除"命令或选择"编辑"→"剪切"命令，还可以在该对象上单击鼠标右键，在弹出的快捷菜单中选择"剪切"命令，即可将对象删除。

四、层叠对象

在图层内，Flash CS6 会根据对象的创建顺序层叠对象，将最新创建的对象放在最上面。对象的层叠顺序决定了它们在层叠时出现的顺序。使用图层操作和菜单命令可以在任何时候更改对象的层叠顺序。

五、变形与排列对象

在 Flash CS6 中，可以使用选择工具、部分选取工具和任意变形工具来变形对象，通过这些工具来编辑图形，可以使图形达到理想的变形效果。在制作 Flash 动画时，如果创建了多个图形对象，并且要把这些图形对象按相对的位置排列在一起，可以使用 Flash CS6 提供的辅助线和"对齐"面板来排列对象。

1.使用选择工具变形对象

2.使用部分选取工具变形对象

部分选取工具常常与钢笔工具配合使用。它能像选择工具一样选择并移动对象，还能编辑普通线条和图像的轮廓线条，通常用来编辑曲线上锚点。该工具的"属性"面板和"选项"区域无相应的内容。

3.使用任意变形工具变形对象

在 Flash CS6 中，使用任意变形工具是最常用的方法。根据所选的元素，可以任意变形、旋转、倾斜、缩放和扭曲该元素。

任意变形工具是一个功能强大的编辑工具，利用它可以对对象进行 4 种变形设置，分别是旋转与倾斜、缩放、扭曲和封套操作，制作出特殊的效果。任意变形工具没有相应的"属性"面板，选择工具栏中的任意变形工具后，其"选项"区域如图：

4.使用辅助线排列对象

在移动对象时，对象的边缘会出现水平或垂直的虚线，该虚线自动与另一个对象的边缘对齐，便于确定对象的位置，这种虚线就是辅助线。移动对象时出现的辅助线如图中的绿色线条。

贴近对象　　　　旋转与倾斜

扭曲　　　　　　封套

缩放

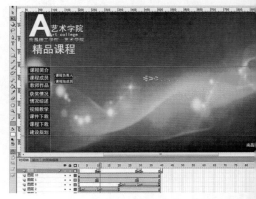

Flash CS6

第四章
Adobe Flash Professional CS6绘图工具实例讲解

授课时数： 8课时

教学目标： 学生通过本章的学习，能够掌握Adobe Flash Professional CS6的各种绘图工具。

教学重点： 让学生能够熟练使用Adobe Flash Professional CS6绘制各种图形。

教学难点： 提高学生的绘画造型能力，并使学生能够习惯使用计算机软件绘制各种图形。

作业： 学生使用Adobe Flash Professional CS6绘制两个卡通图形，并进行色彩填充。

作业要求： 造型美观，色彩搭配协调。用到Adobe Flash Professional CS6的多个绘图工具。

第一节
绘图工具实例讲解　卡通小兔绘制

步骤 1, 新建 Flash 文档[Ctrl +N], 如图所示：

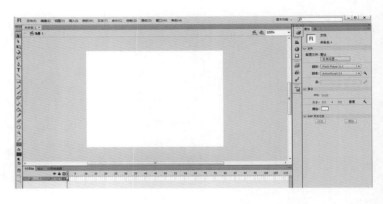

步骤 2, 选择椭圆工具, 修改笔触颜色为黑色, 填充色为白色, 在舞台区域绘制一个圆形, 如图:

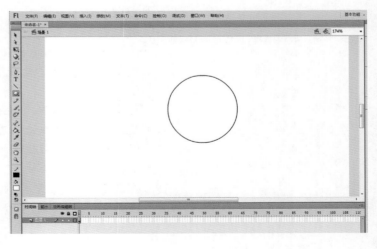

FLASH CS6 ADOBE FLASH PROFESSIONAL CS6 HUITU GONGJU SHILI JIANGJIE

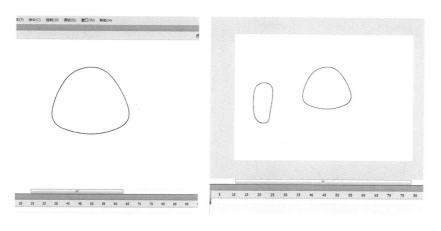

步骤 3，使用选择工具，修改圆形外形，如图：

步骤 4，继续绘制一个椭圆形，效果如图：

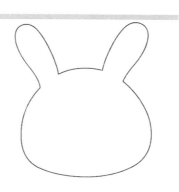

步骤 5，修改椭圆形的形状位置再复制出一个，如图：

步骤 6，继续修改形状，完成头部外形的制作，如图：

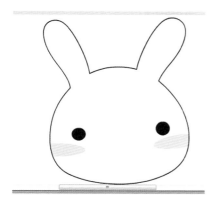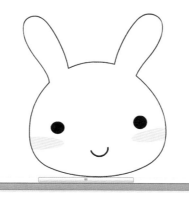

步骤 7，选择椭圆工具绘制眼睛，如图：

步骤 8，选择铅笔工具绘制小兔的嘴巴，如图：

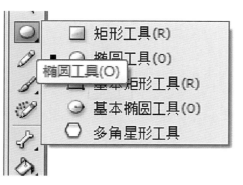

步骤 9，绘制星形发卡，点击椭圆工具下面的黑三角，展开菜单，选择多角星形工具，在工具设置栏点击工具设置，出现工具设置对话框，修改参数，如图：

Flash CS6

步骤 10，绘制星形，颜色改为粉色，如图：

步骤 11，绘制身体部分，选择矩形工具绘制一个矩形，效果如图：

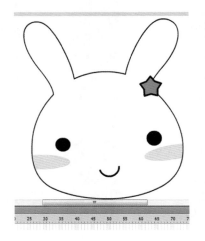

步骤 12，修改矩形形状，如图：

步骤 13，继续绘制两个矩形，调整，效果如图：

步骤 14，修改新添加的两个矩形，如图：

步骤 15，绘制卡通原型的胳膊部分，使用一个矩形和一个圆形制作胳膊与手，效果如图：

步骤 16，修改新添加的基本型，效果如图：

步骤 17，复制新修改完的胳膊，如图：

步骤 18，填充小兔，选择填充工具，给小兔填充颜色，填充色为白色，如图：

步骤 19，选择属性栏，舞台颜色，修改舞台背景色为浅绿色，如图：

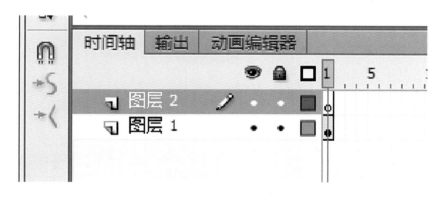

步骤 20，背景制作，选择时间轴→图层→新建图层，添加一个新的图层，效果如图：

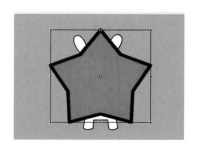 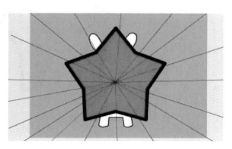

步骤 21，选择多角星形工具绘制一个五角星，填充颜色为红色，笔触为 10，效果如图：

步骤 22，选择直线工具绘制射线，效果如图：

步骤 23，在舞台的外框处绘
制一个矩形，填充色选择无色，
如图：

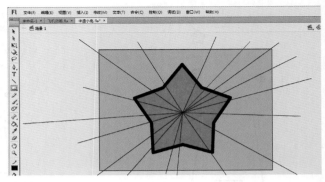

选择矩形工具　绘制矩形

填充颜色选择↑

步骤 24，填充颜色，如图：

步骤 25，选择细线，按键盘
上的［Delete］键删除所有的细线，
效果如图：

填充颜色

删除细线

步骤 26，将图层 2 拖拽到图
层 1 下面，效果如图：

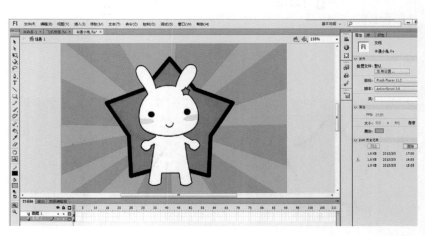

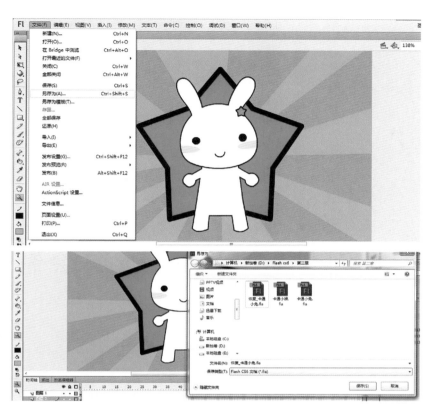

步骤27，选择文件菜单，点
击另存为，修改名称保存文件，
如图：

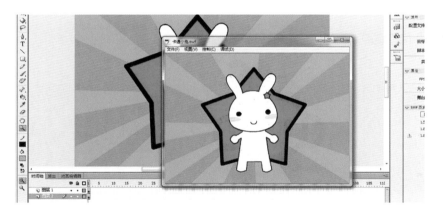

步骤28，按键盘上的［Ctrl
＋Enter］键发布影片，如图：
　　本实例制作完毕。

绘图工具实例讲解　卡通小猴绘制

步骤 1，用椭圆工具和铅笔工具绘制出小猴的轮廓，如图：

步骤 2，选择填充工具，给图形填充颜色，如图：

步骤 3，背景部分制作，选择铅笔工具，绘制一个外框，笔触颜色为蓝色，笔触为 3，样式为虚线，效果如图：

绘制外框　　　　　　　　　　铅笔参数

步骤 4，制作白色勾边效果，选择小猴子按键盘上的[Alt]键复制出一个小猴，效果如图：

按键盘上的[Alt]键复制小猴

步骤 5，填充颜色为白色，边线为无色，效果如图：

步骤 6，选择时间轴→图层→新建图层，添加一个新的图层，效果如图：

剪切前　　　　　　剪切后

步骤 7，选择白色的卡通猴图案，使用键盘上的[Ctrl+X]剪切图形，如图：

步骤 8，选择图层 2，使用键盘上的［Ctrl+Shift+V］组合键粘贴图形到图层 2，如图：

步骤 9，调整白色小猴图形位置、大小，如图：

步骤 10，选择文件菜单，点击另存为，修改名称保存文件。如图：

步骤 11，按键盘上的［Ctrl+Enter］键发布影片，如图：
本实例制作完毕。

第五章

Adobe Flash Professional CS6基础动画实例讲解

授课时数： 12课时

教学目标： 学生通过本章的学习，能够掌握Adobe Flash Professional CS6的传统补间动画、引导层动画、遮罩动画。

教学重点： 重点讲解Adobe Flash Professional CS6的各种动画方式。

教学难点： 使学生掌握引导层动画和遮罩动画。

作业： 学生能按照讲解的实例，使用Adobe Flash Professional CS6绘制出各种动画。

作业要求： 绘制出实例的同时，能够举一反三绘制出更多的动画效果。

第一节
Flash传统补间动画讲解
小球运动动画制作

本实例主要讲解

Flash 传统补间动画中位置移动属性的使用方式。

Flash 动画的使用。

步骤 1，新建 Flash 文档，效果如图：

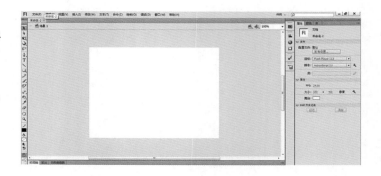

步骤 2，选择工具栏椭圆工具，在舞台区域绘制一个圆形，如图：

步骤 3，双击绘制的红色圆形，将填充色与边线一起选取，按键盘上的［F8］（转换为元件快捷键），弹出转换为元件对话框，点击确定，效果如图：

双击圆形转换元件对话框转换元件后效果

步骤 4，在时间轴 30 帧位置插入关键帧［F6］，效果如图：

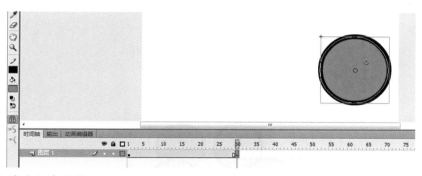

移动小球位置

步骤 5，在时间轴 30 帧位置，选择小球移动位置，效果如图：

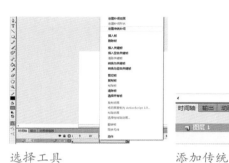

选择工具　　　　添加传统补间动画后

步骤 6，在两个关键帧中间区域点击鼠标右键，选择创建传统补间动画，效果如图：

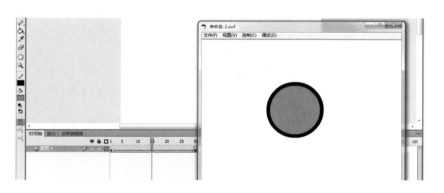

步骤 7，按键盘上的［Ctrl+Enter］键发布影片，如图：

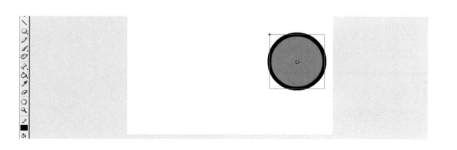

步骤 8，调整小球位置，如图：

步骤9,将时间滑块滑动到7、15、23帧处分别修改小球的位置，如图：

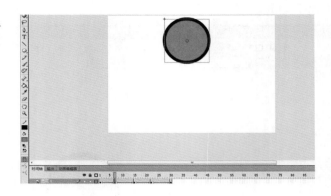

点击编辑多个帧按钮 ▣，显示效果如图：

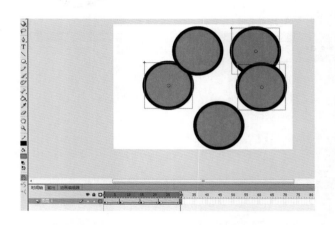

步骤10,按键盘上的［Ctrl+Enter］键发布影片，如图：

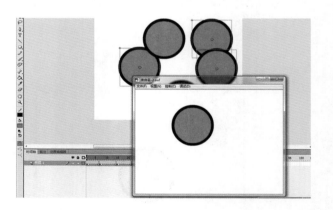

步骤11，选择文件菜单，点击另存为，修改名称保存文件。如图：

本实例制作完毕

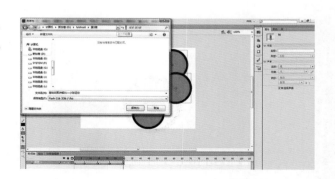

第二节
Flash传统补间动画位置动画
在字体中的应用

上一个实例讲解了使用图形制作Flash传统补间动画，在这里我们使用文字制作一个类似的位置动画，方法如下。

步骤1，新建Flash文档，效果如图：

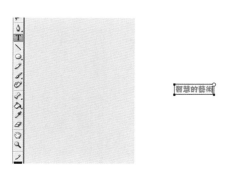

步骤2，选择文字输入工具，在舞台区域输入文本，"智慧的艺术"，如图：

步骤3，选择文本，按键盘上的［F8］（转换为元件快捷键），弹出转换为元件对话框，点击确定，效果如图：

步骤 4，修改文字的位置，如图：

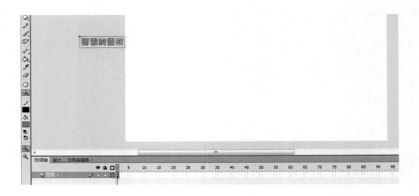

步骤 5，在时间轴 10 帧位置，按键盘上的［F6］，插入关键帧，移动文字位置，如图：

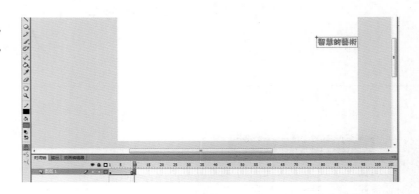

步骤 6，在时间轴 11、12 帧文字位置，按键盘上的［F6］，插入关键帧，移动文字位置，如图：

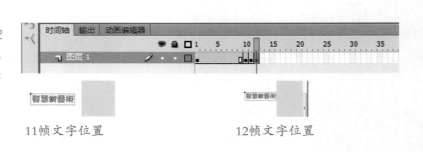

11帧文字位置　　　　　　　　　12帧文字位置

步骤 7，在时间轴第 1 帧处选择文本，在属性栏添加滤镜模糊效果，如图：

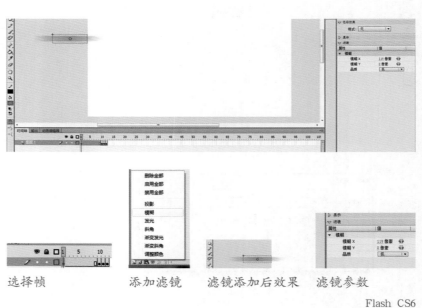

选择帧　　　　　添加滤镜　　　滤镜添加后效果　　滤镜参数

步骤 8，在 5 帧位置，点击鼠标右键，选择创建传统补间动画，效果如图：

步骤 9，按键盘上的［Ctrl+Enter］键发布影片，如图：

步骤 10，选择文件菜单，点击另存为，修改名称保存文件。如图：

本实例制作完成。

本实例主要讲解

Flash 传统补间动画的缩放属性、透明度属性、图层的添加与复制。

步骤 1，新建 Flash 文档，效果如图：

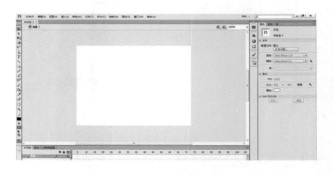

步骤 2，选择文字输入工具，在舞台区域输入文本，"谁的青春不迷茫"，效果如图：

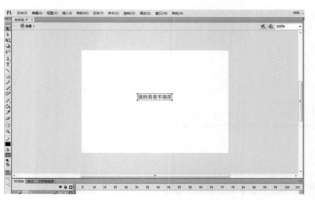

步骤 3，选择文本，按键盘上的 [F8]（转换为元件快捷键），弹出转换为元件对话框，点击确定，效果如图：

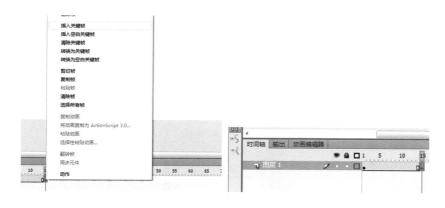

步骤 4，在时间轴 15 帧的位置点击鼠标右键，选择插入关键帧命令，效果如图：

步骤 5，使用任意变形工具修改 15 帧处文字的大小，如图：

选择Alpha的数值　　　　　　调整Alpha的数值为0

步骤 6，选择 15 帧处的文字，在修改属性栏样式处，选择 Alpha 的数值，调整为 0，效果如图：

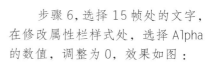

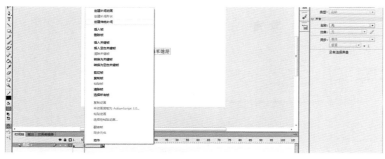

选择传统补间动画

步骤 7，在两个关键帧中间点击鼠标右键选择创建传统补间动画，效果如图：

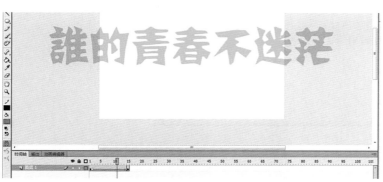

传统补间动画创建后

步骤8，选择时间轴面板最左下角的新建图层图标，添加6个图层，效果如图：

添加6个图层　　　　　选取1到15帧

步骤9，选择图层1，点击时间轴，从第1帧到15帧全部选取，如图：

步骤10，按住键盘上的［Alt］键（复制帧的快捷键），拖动1到15帧复制到其余6个图层，效果如图：

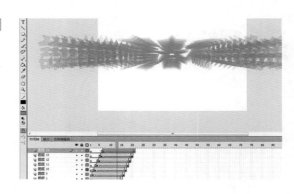

步骤11，选择文件菜单，点击另存为，修改名称保存文件，如图：

步骤12，按键盘上的［Ctrl+Enter］键发布影片，如图：

本实例制作完成。

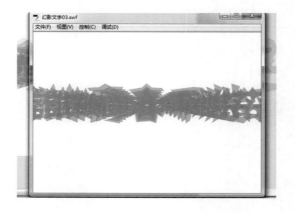

Flash传统补间动画制作方式总结

上面3个实例主要讲解Flash传统补间动画中位置属性、缩放属性、透明度属性以及滤镜的简单使用方式，这些属性在绘制动画的时候可以自由组合，不同的组合将产生不同的效果。下面我们使用Flash传统补间动画中不同的动画方式组合制作一个实例。

第四节
综合实例　字体动画

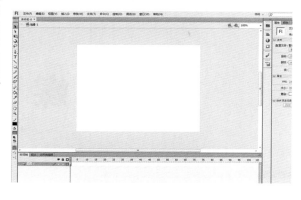

步骤 1，新建 Flash 文档，效果如图：

步骤 2，输入文本，"东方影视传媒"，如图：

步骤 3，选择文本，点击鼠标右键，选择分离工具，效果如图：

选择分离工具

文本分离后

步骤4，选择分离后的文本，点击鼠标右键，选择分散到图层，如图：

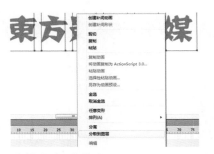 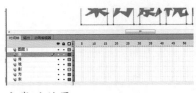

选择分散到图层　　　　　　　　　　分散后效果

步骤5，选择图层1，点击图层窗口下的垃圾桶图标删除图层1，如图：

选择图层1，删除该图层

步骤6，选择文字给每个文字转换为元件，效果如图：

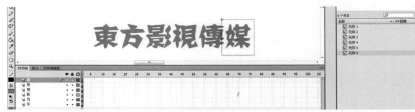

步骤7，选择所有文字，移动位置，如图：

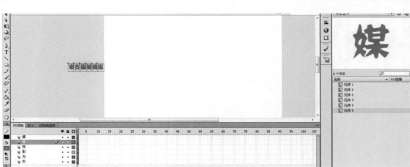

步骤8，在时间轴第5帧处给所有图层插入关键帧，如图：

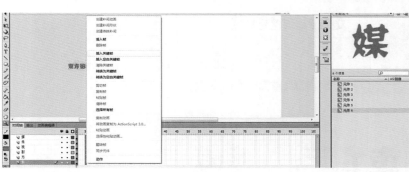

步骤9，在第5帧处移动文字位置修改字体大小，如图：

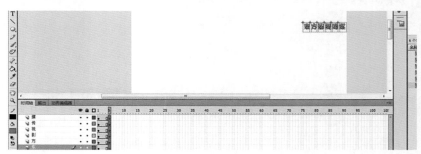

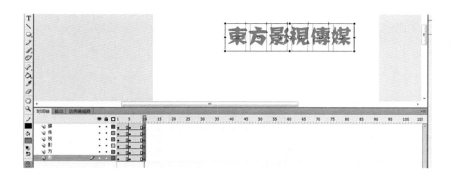

步骤 10，在时间轴第 10 帧处给所有图层插入关键帧，移动文本，修改文字大小，如图：

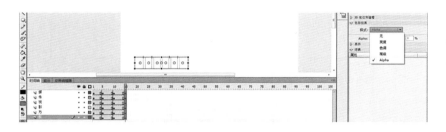

步骤 11，在时间轴第 15 帧处给所有图层插入关键帧，移动文本，修改文字透明度，如图：

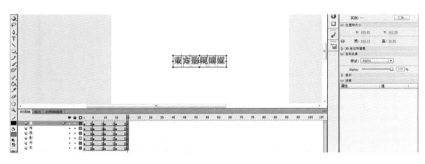

步骤 12，在时间轴第 20 帧处给所有图层插入关键帧，移动文本，修改文字透明度，如图：

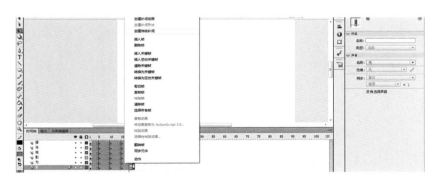

步骤 13，选择所有的帧，创建传统补间动画，如图：

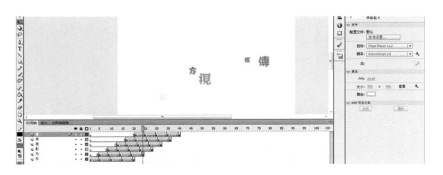

步骤 14，关键帧移动位置，效果如图：

步骤 15，在 50 帧处统一添加帧，如图：

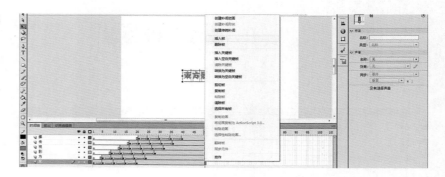

步骤 16，选择文件菜单，点击另存为，修改名称保存文件，如图：

步骤 17，按键盘上的［Ctrl+Enter］键发布影片。

本实例制作完成。

Flash 补间形状动画实例讲解

形状补间动画讲解

步骤 1，新建 Flash 文档（Ctrl+N），如图所示：

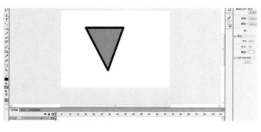

步骤 2，选择直线工具，在舞台区域绘制一个三角形，填充颜色为红色，效果如图：

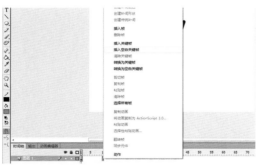

步骤 3，选择时间轴，在第 10 帧的位置，点击鼠标右键，选择插入空白关键帧，效果如图：

步骤 4，选择工具栏椭圆工具，绘制一个椭圆，效果如图：

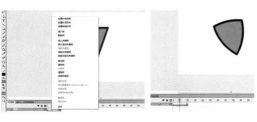

步骤 5，在两个关键帧中间点击鼠标右键，选择创建补间形状，效果如图：

步骤 6，选择文件菜单，点击另存为，修改名称保存文件，如图：

步骤 7，按键盘上的［Ctrl+Enter］键发布影片。

本实例制作完成。

Flash 传统运动引导层动画讲解

飞机飞行动画部分制作

步骤 1，新建 Flash 文档，效果如图：

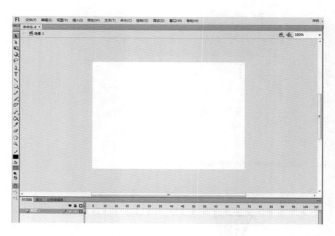

步骤 2，选择直线工具绘制飞机外形，如图：

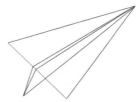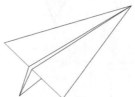

飞机绘制步骤

步骤 3，填充颜色，效果如图：

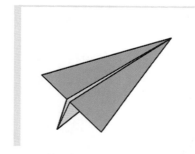

步骤 4，选择边线，按键盘上的［Delete］键删除边线，效果如图：

步骤 5，选择飞机图形，按键盘上的［F8］转换为元件，效果如图：

步骤 6，选择任意变形工具，修改飞机元件的大小，如图：

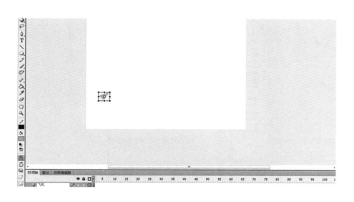

步骤 7，选择图层 1 双击图层名称位置，修改名称为飞机，如图：

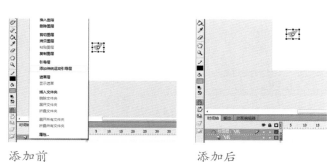

步骤 8，选择飞机图层，点击鼠标右键选择添加传统引导层，如图：

添加前　　　　　　　　添加后

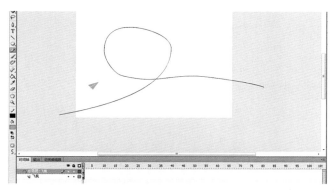

步骤 9，选择引导图层，使用铅笔工具，在舞台区域绘制一条曲线，如图：

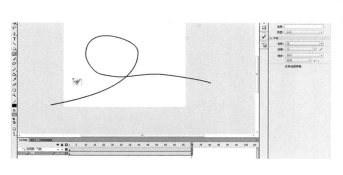

步骤 10，在 70 帧的位置给两个图层插入帧 [F5]，效果如图：

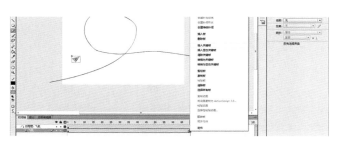

步骤 11，在飞机图层 70 帧位置按键盘上的 [F6] 插入关键帧，效果如图：

步骤 12，在飞机图层的两个关键帧中间创建传统补间动画，效果如图：

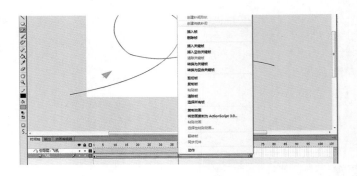

步骤 13，在飞机图层的第 1 帧处，选择舞台区域飞机元件，将元件拖拽到线的开始位置，如图：

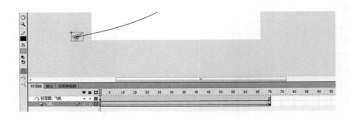

步骤 14，在飞机图层 70 帧的位置选择关键帧，调整飞机元件到线的末端，如图：

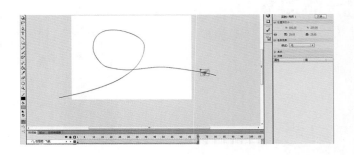

步骤 15，使用任意变形工具，调整飞机开始于结束位置的方向，如图：

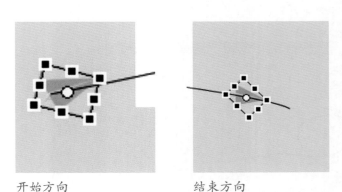

开始方向　　　　　结束方向

步骤 16，选择飞机层点击第 1 帧，勾选属性栏调整到路径选项，如图：

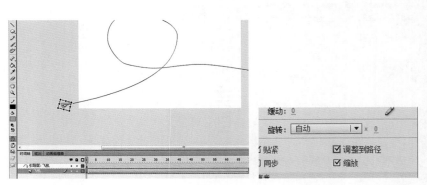

背景部分制作

点击舞台白色区域，修改属性栏舞台颜色，改为蓝色，效果如图：

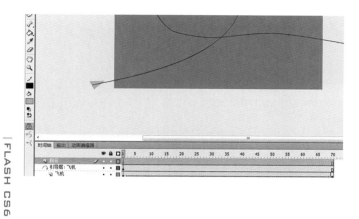

白云的制作

步骤1，选择时间轴左下角的新建图层标志，添加一个图层，修改图层名称为白云，如图：

  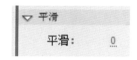

步骤2，选择刷子工具，在属性栏将平滑值改为0，效果如图：

步骤3，选择插入新建元件，创建一个元件修改名称为白云，如图：

步骤4，使用刷子工具在白云元件中绘制白云，效果如图：

步骤5，选择新绘制的白云图形，按键盘上的［F8］键再次转换为元件，修改元件名称为云层，如图：

步骤6，修改云层元件透明度，如图：

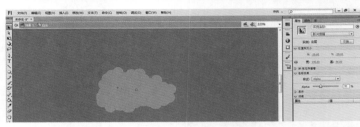

步骤7，按键盘上的［Alt］键复制3个云层元件，如图：

步骤8，点击场景1图标，回到场景1，如图：

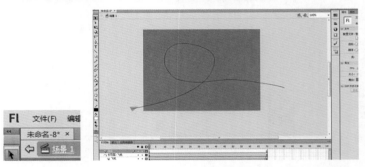

步骤9，在库面板中选择白云拖拽入白云图层，效果如图：

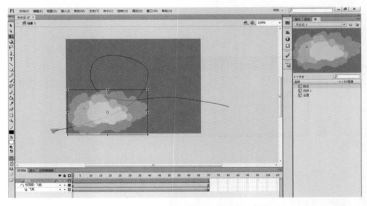

步骤10，选择白云元件在属性栏添加模糊滤镜，如图：

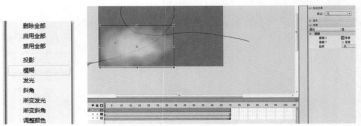

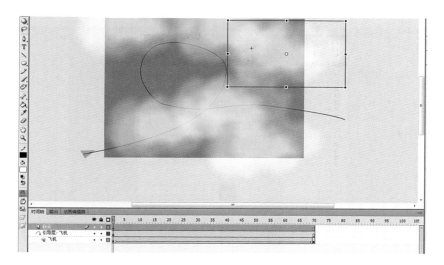

步骤 11，按键盘上的［Alt］键复制出几个白云，修改位置，如图：

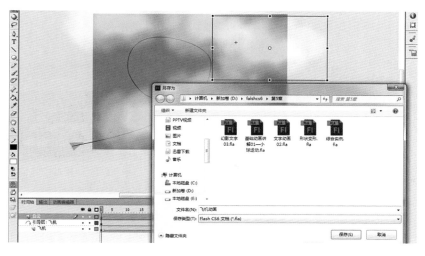

步骤 12，选择文件菜单，另存为飞机动画，如图：

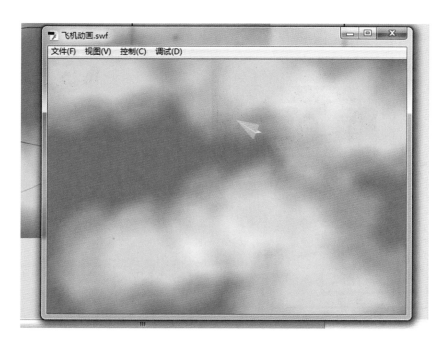

步骤 13，按键盘上的［Ctrl+Enter］键发布影片，如图：

本实例制作完。

Flash 遮罩层动画讲解。

Flash 放大镜效果动画制作

步骤 1，新建 Flash 文档，效果如图：

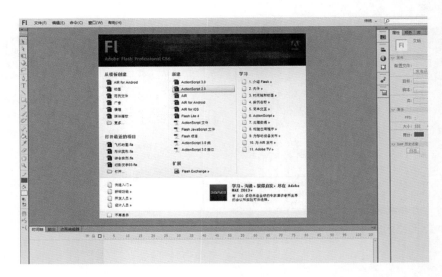

步骤 2，选择文件菜单→导入→导入到库工具，导入一张图片进入库，效果如图：

选择导入到库　　　　选择导入的图片　　　　导入后效果

步骤 3，在库面板选择导入的图片，拖拽入舞台，修改图片大小，效果如图：

步骤 4，在时间轴面板选择新建图层图标，新添加一个图层，效果如图：

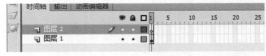

选择新建图层图标　　　　添加图层后效果

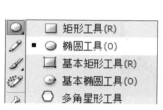

选择椭圆工具

步骤 5，点击新建的图层 2，选择椭圆工具，在舞台区域绘制一个圆形，效果如图：

在舞台绘制一个圆形

双击圆形

按键盘上的［F8］

步骤 6，双击新绘制出的圆形，按键盘上的［F8］（转换为关键帧），转换圆形为影片剪辑，效果如图：

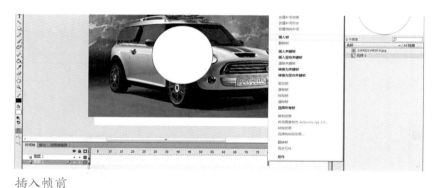

插入帧前

步骤 7，在时间轴的 80 帧处，选择两个图层的帧，点击鼠标右键选择插入帧，效果如图：

插入帧后

步骤 8，选择图层 2 的 80 帧，按键盘上的［F6］（插入关键帧快捷键），效果如图：

步骤 9，在 80 帧位置选择圆形原件修改位置，如图：

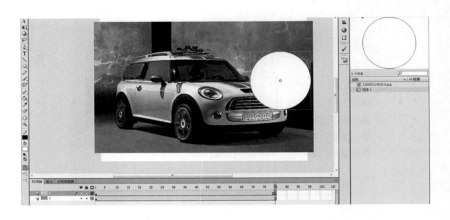

步骤 10，在图层 2 的两个关键帧中间处点击鼠标右键选择创建传统补间动画，效果如图：

添加传统补间动画前

添加传统补间动画后

步骤 11，选择图层 2，点击鼠标右键选择遮罩层，效果如图：

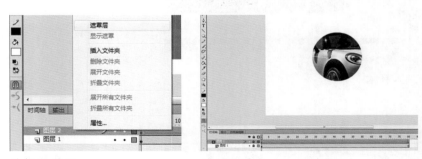

选择遮罩层　　　　　　　添加遮罩后

步骤 12，选择时间轴面板左下方新建图层图标，添加一个新的图层，如图：

步骤 13，选择图层 1，点击关键帧按键盘上的［Alt］键，复制关键帧到新的图层 3，效果如图：

步骤 14，点击图层 3，选择任意变形工具，缩小图片，效果如图：

步骤 15，选择图层 3，拖拽图层 3 到最底层，效果如图：

步骤 16，选择图层 2，在 15帧、30 帧、50 帧、70 帧、80 帧位置移动元件，效果如图：

15帧位置 30帧位置 50帧位置

70帧位置 80帧位置

步骤 17，按键盘上的［Ctrl+Enter］键发布影片，如图：

步骤 18，选择文件另存为，保存文件。

本实例制作完成。

Flash 遮罩层动画讲解 02

步骤 1，新建 Flash 文档，效果如图：

步骤 2，选择文字工具 ，输入文本"鱼群网络学院"，如图：

步骤 3，选择文本，按键盘上的 [F8] 转换为影片剪辑，如图：

步骤 4，选择时间轴左下角的新建图层图标，添加一个新的图层，效果如图：

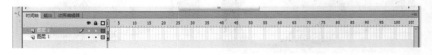

步骤 5，选择矩形工具绘制一个矩形，效果如图：

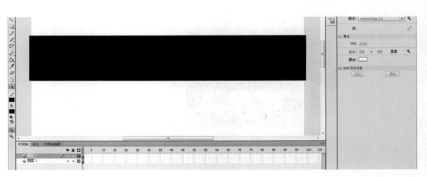

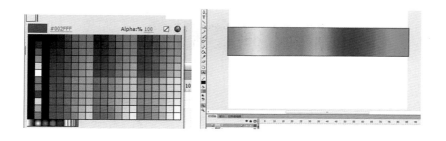

步骤6，选择工具栏填充颜色工具，选择填充色为彩色的线性渐变，如图：

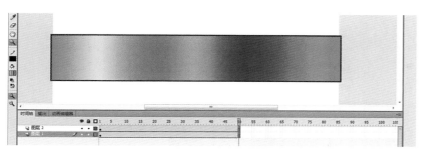

步骤7，选择两个图层，在50帧处按键盘上的［F5］（插入帧快捷键）插入帧，效果如图：

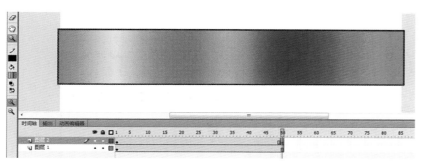

步骤8，在图层2，50帧的位置按键盘上的[F6]插入关键帧，效果如图：

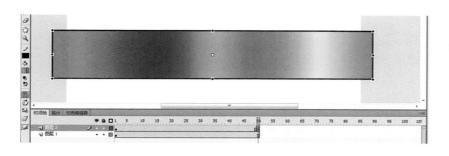

步骤9，双击矩形选择任意变形工具，左右翻转矩形，如图：

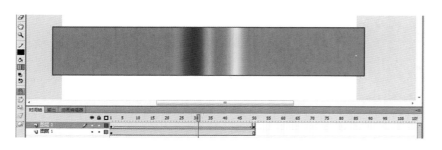

步骤10，在图层2两个关键帧中间区域，点击右键选择创建补间形状，效果如图：

步骤11，选择图层1，将图层1拖拽到最上面，效果如图：

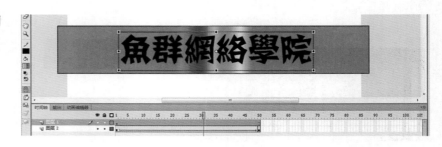

步骤12，选择图层1，点击鼠标右键选择遮罩层，效果如图：

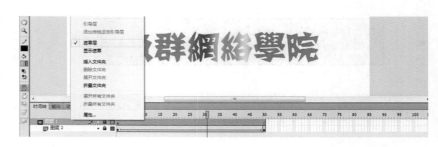

步骤13，选择文件菜单，点击修改名称另存为，保存文件，如图：

步骤14，按键盘上的［Ctrl+Enter］键发布影片，如图：

本实例制作完成。

第六章
Adobe Flash
Professional
CS6网络广告
实例讲解

授课时数： 12课时

教学目标： 学生通过本章的学习，能够掌握Adobe Flash Professional CS6的网络广告制作方法。

教学重点： 重点讲解Adobe Flash Professional CS6网络广告的创作方式。

教学难点： 使学生掌握网络广告的制作与技巧。

作业： 学生能按照讲解的实例，使用Adobe Flash Professional CS6制作出网络广告。

作业要求： 制作过程中综合运用Adobe Flash Professional CS6的各种工具，作品具有创意，制作精美。

步骤1，选择随书光盘内Flash广告实例文件夹，打开汽车广告Flash文本，如图：

步骤2，打开后按键盘上的〔F11〕（库面板快捷键），查看素材，如图：

步骤3，修改舞台大小为220×200像素，效果如图：

步骤4，选择位图1，按键盘上的〔Alt〕键复制出一个位图，修改两张位图的位置，如图：

步骤5，选择工具栏任意变形工具，翻转位图，修改位置，如图：

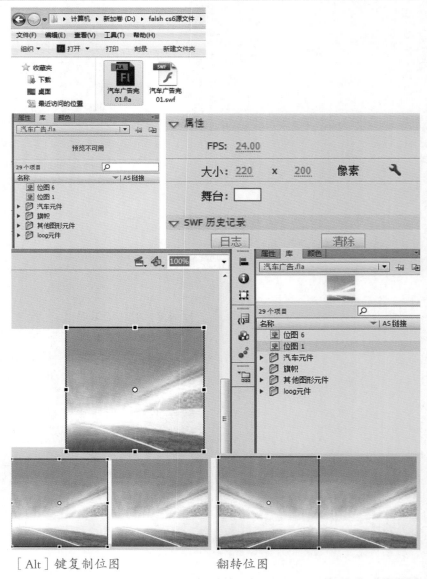

〔Alt〕键复制位图   翻转位图

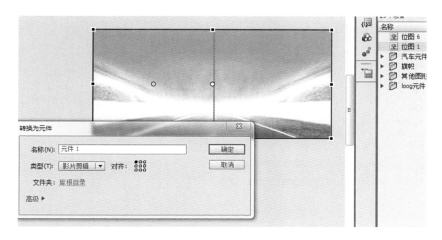

步骤6，选择两个位图，按键盘上的[F8]快捷键转换为元件，类型为影片剪辑，如图：

选择线框显示

步骤7，选择图层1的线框显示，调整元件到画面中间，如图：

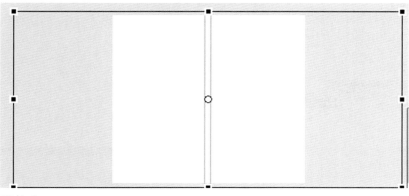

调整后

步骤8，添加图层2，拖拽库中 loog 位图文件，进入舞台，效果如图：

选择文件

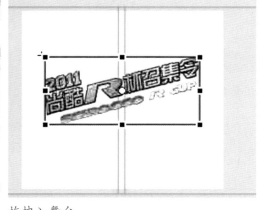

拖拽入舞台

步骤 9，在时间轴 60 帧处，选择两个图层的帧，点击右键选择插入帧，效果如图：

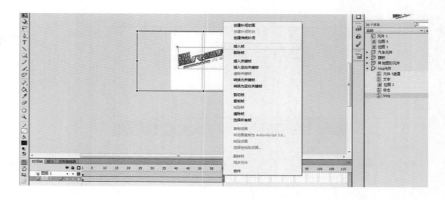

步骤 10，在图层 2 第 5 帧位置插入关键帧，效果如图：

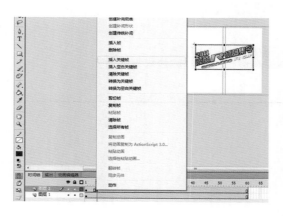

步骤 11，在图层 2 第 1 帧处，选择关键帧，使用任意变形工具 修改元件大小，并在属性栏将透明度改为零，如图：

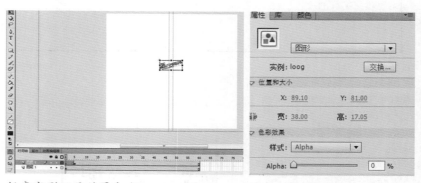

任意变形工具效果大小　　　　　　修改Alpha透明度为0

步骤 12，选择图层 2，在第 2 帧位置点击鼠标右键，选择创建传统补间动画，效果如图：

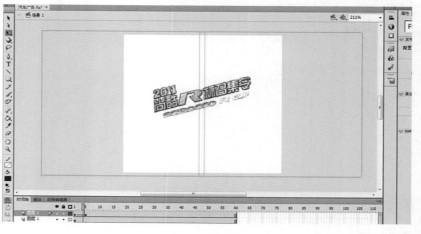

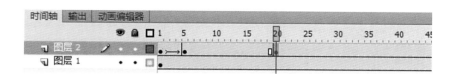

步骤 13，在图层 2 的 20 帧位置，按键盘上的［F6］快捷键插入关键帧，效果如图：

步骤 14，在图层 2 的 25 帧处，按［F6］插入关键帧，效果如图：

任意变形工具修改大小

修改透明度为0

步骤 15，在 25 帧位置选择任意变形工具，点击 loog 位图修改大小，如图：

步骤 16，在属性栏修改 loog 位图的透明度，如图：

步骤 17，在图层 2 的 21 帧处，点击鼠标右键，选择创建传统补间动画，效果如图：

步骤 18，点击新建图层图标，添加图层 3，如图：

步骤 19，在 25 帧处按 [F6] 添加关键帧，如图：

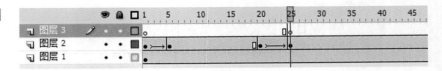

步骤 20，选择库里的汽车位图，拖拽入舞台修改位置，如图：

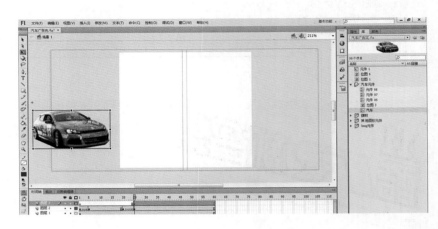

步骤 21，在 30 帧的位置插入关键帧，修改汽车位图的位置，如图：

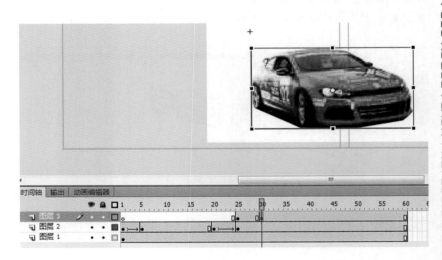

步骤 22，在 25 帧的位置选择汽车位图，修改透明度为 0，效果如图：

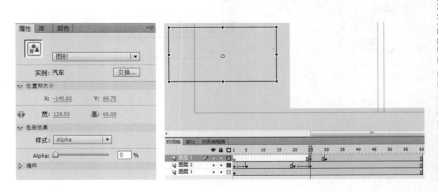

步骤23，在26帧的位置点击鼠标右键创建传统补间动画，如图：

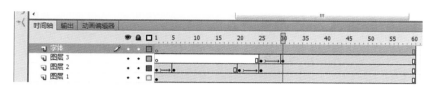

步骤24，选择时间轴面板左下角的新建图层图标，添加一个图层，修改名称为"字体"，如图：

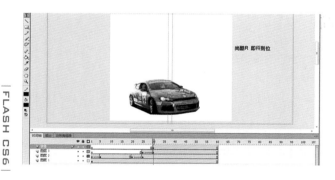

步骤25，在"字体"层30帧位置按键盘上的［F6］插入关键帧，输入文本"尚酷R即将到位"，效果如图：

步骤26，选择文字，按键盘上的［F8］转化文字为影片剪辑，如图：

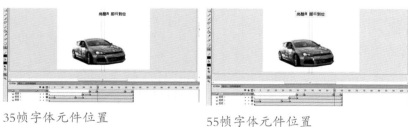

35帧字体元件位置　　　　55帧字体元件位置

步骤27,选择字体层在35帧、55帧、60帧处按键盘上的［F6］插入关键帧，修改文字元件的位置，如图：

60帧字体元件位置

步骤 28，选择 30 帧、60 帧点击文字元件，在属性栏添加模糊滤镜，效果如图：

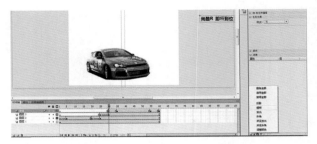

选择模糊滤镜

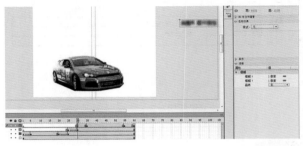

添加模糊滤镜后

修改参数后   修改参数

步骤 29，在 60 帧的位置重复上一步操作，如图：

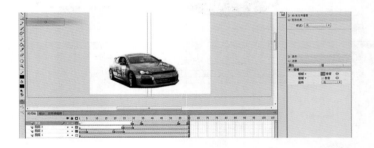

步骤 30，选择 30~60 帧的中间区域，点击鼠标右键选择创建传统补间动画，效果如图：

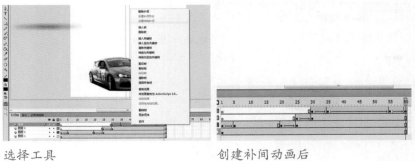

选择工具   创建补间动画后

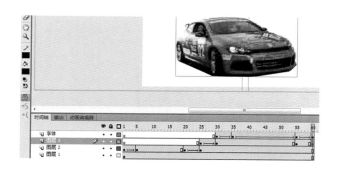

步骤31，在55帧、60帧处选择图层3，按键盘上的［F6］插入关键帧，效果如图：

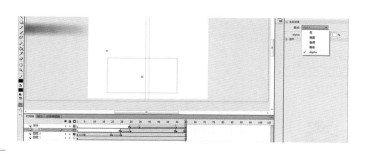

步骤32，在图层3，60帧处选择舞台区域的汽车元件，在属性栏修改其透明度为0,效果如图：

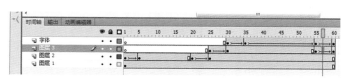

步骤33，在图层3，55~60帧的中间区域，点击鼠标右键选择创建传统补间动画，如图：

步骤34，选择时间轴左下角添加图层图标添加一个新的图层，修改图层名称为"人物"，如图：

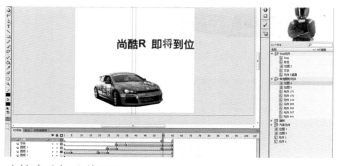

选择库面板元件214

步骤35，在"人物"图层55帧处插入关键帧，从库面板中选择214元件拖拽入舞台，位置如图：

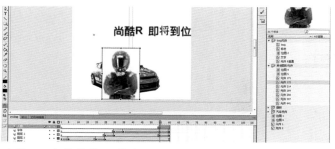

选择214元件拖拽入舞台

步骤36，选择位图文件，按键盘上的［F8］转换为影片剪辑，效果如图：

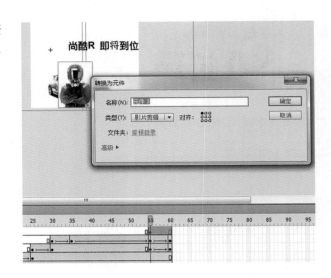

步骤37，在60帧处按键盘上的［F6］插入关键帧，修改55帧处元件的透明度为0，效果如图：

在60帧处插入关键帧　　　　　在55帧处修改元件Alpha参数为0

步骤38，在55~60帧的中间区域，点击鼠标右键选择创建传统补间动画，如图：

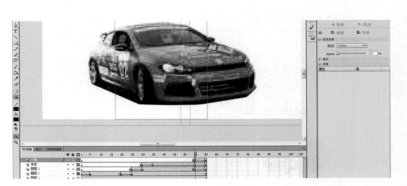

步骤39，选择时间轴左下角新建层图标添加一个新的图层，修改图层名称为"字体2"，如图：

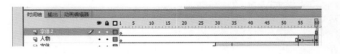

步骤40，在60帧处，按键盘上的［F6］插入关键帧，输入文本"赛手，就等你了"，如图：

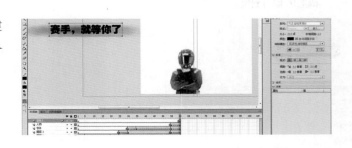

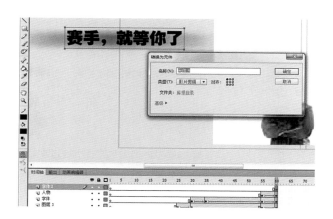

步骤41，选择新的文字，按键盘上的［F8］转换为影片剪辑，如图：

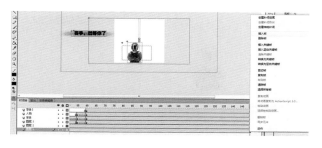

步骤42，在时间轴150帧位置选择所有图层，按键盘上的［F5］（插入帧）延长时间，如图：

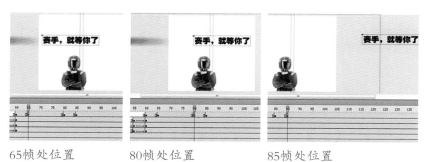

步骤43，在时间轴65帧、80帧、85帧处插入关键帧，移动位置，如图：

65帧处位置　　　　80帧处位置　　　　85帧处位置

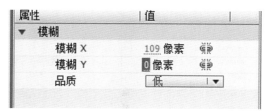

60帧位置文字元件添加模糊后效果

步骤44，选择60帧和85帧位置的文字元件，分别点击属性栏添加滤镜模糊，如图：

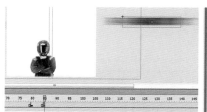

85帧位置文字元件添加模糊后效果

步骤 45，选择 60~85 帧的中间区域，点击鼠标右键选择创建传统补间动画，效果如图：

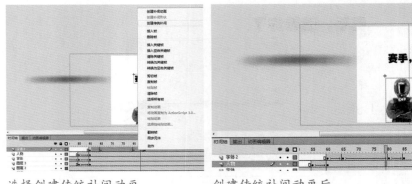

选择创建传统补间动画　　　　创建传统补间动画后

步骤 46，选择"人物"图层，在 0 帧和 85 帧处按键盘上的［F6］（插入关键帧），效果如图：

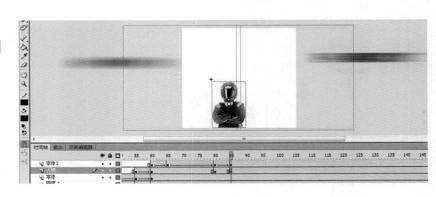

步骤 47，在 85 帧处选择"人物"图层，点击元件，在属性栏选择彩色效果里面的 Alpha 值，修改值为 0，效果如图：

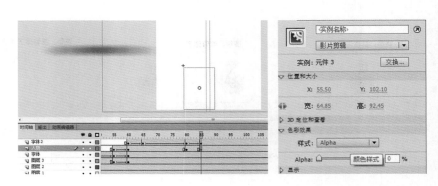

步骤 48，在"人物"图层选择 80~85 帧的中间区域，点击鼠标右键选择创建传统补间动画，效果如图：

 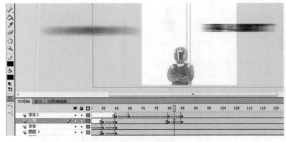

选择传统补间动画　　　创建传统补间动画后

步骤 49，选择时间轴左下角添加图层图标添加一个新的图层，修改图层名称为"汽车"，如图：

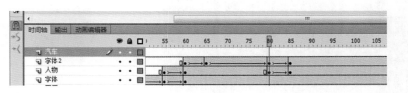

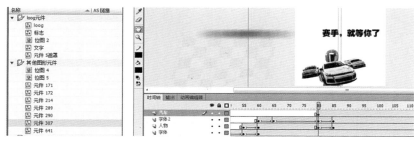

选择库面板元件307　　拖拽入舞台

步骤50，在80帧的位置按键盘上的[F6]插入关键帧，选择库面板里的元件307拖拽入舞台，效果如图：

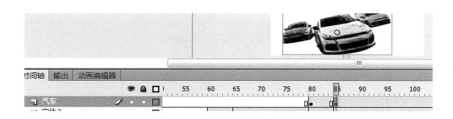

步骤51，在85帧处按键盘上的[F6]（插入关键帧），效果如图：

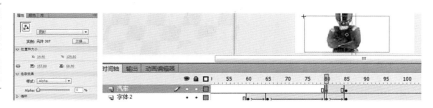

步骤52，在80帧位置点击选择图形元件307，修改属性栏Alpha值为0，效果如图：

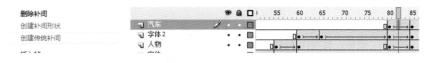

步骤53，在"汽车"图层选择80~85帧的中间区域，点击鼠标右键选择创建传统补间动画，效果如图：

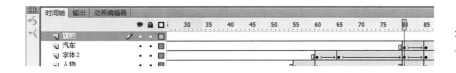

步骤54，选择时间轴左下角添加图层图标添加一个新的图层，修改图层名称为"旗帜"，如图：

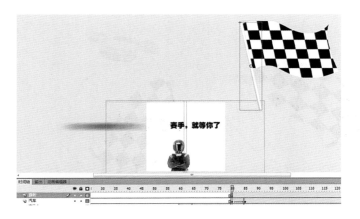

步骤55，在"旗帜"层的80帧按键盘上的[F6]插入关键帧，拖拽库面板里的284与227图形元件到舞台区域，如图：

步骤 56，选择 284 与 227 图形元件按键盘上的［F8］转换为元件，效果如图：

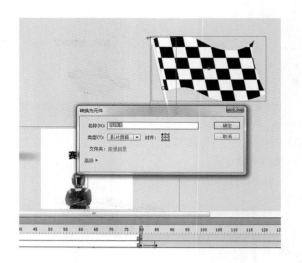

步骤 57，选择新建的影片剪辑修改位置，如图：

步骤 58，选择任意变形工具 ，修改"旗帜"元件的中心点，如图：

步骤 59，在"旗帜"图层的 83 帧、85 帧位置分别修改其位置，如图：

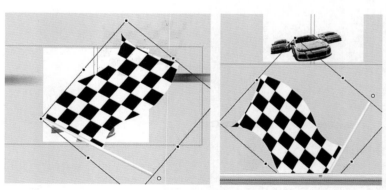

83帧处位置   85帧处位置

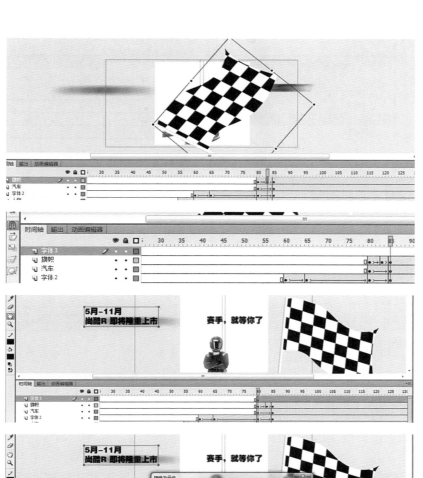

步骤 60，选择"旗帜"图层 80~85 帧位置的中间区域，点击鼠标右键选择创建传统补间动画，效果如图：

步骤 61，选择时间轴左下角新建图层图标添加一个新的图层，修改图层名称为"字体 3"，如图：

步骤 62，在 80 帧插入关键帧，选择文字输入工具输入文本"5 月—11 月尚酷 R 即将隆重上市"，如图：

步骤 63，选择新建的"字体 3"图层中的文字按键盘上的[F8]转换为元件，效果如图：

85帧处位置　　100帧处位置　　105帧处位置

步骤 64，在"字体 3"图层的 85 帧、100 帧、105 帧处插入关键帧修改位置，如图：

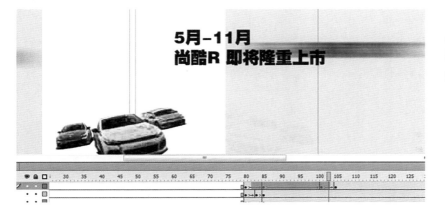

步骤 65，选择"字体 3"图层的 85~05 帧的中间区域，点击鼠标右键选择创建传统补间动画，效果如图：

步骤66，选择"汽车"图层的100帧和105帧按键盘上的［F6］插入关键帧，如图：

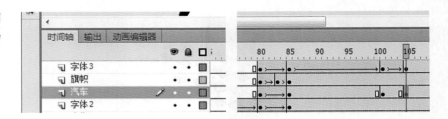

步骤67，修改105帧的"汽车"元件，在属性栏修改Alpha参数为0，如图：

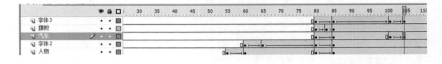

步骤68，选择"图层1"，在100帧与105帧分别插入关键帧，如图：

步骤69，在100~105帧的中间区域创建传统补间动画，修改105帧处的背景元件属性栏，修改Alpha参数为0，如图：

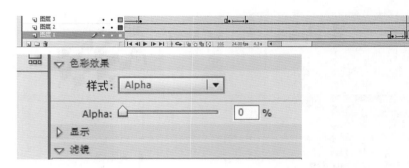

步骤70，选择时间轴左下角新建图层图标添加一个新的图层，修改图层名称为"logo"，如图：

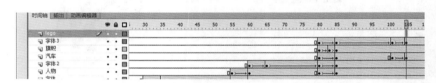

步骤71，选择"logo"层，在100帧的位置按键盘上的［F6］插入关键帧，从库面板中选择位图6，拖拽入舞台区域，如图：

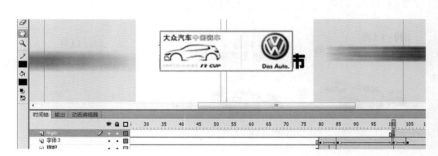

步骤72，选择位图6，按键盘上的［F8］转换为元件，如图：

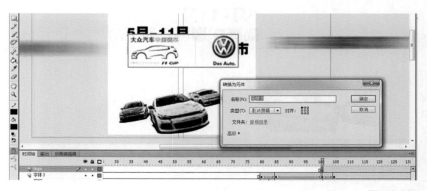

步骤 73，在 105 帧处按键盘上的 [F6] 插入关键帧，效果如图：

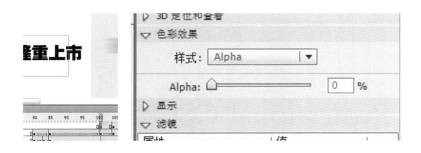

步骤 74，选择 100 帧处的元件修改 Alpha 值为 0，如图：

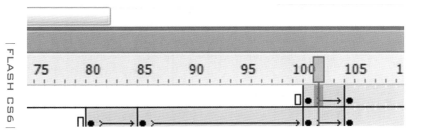

步骤 75，在 100~105 帧的中间区域创建传统补间动画，效果如图：

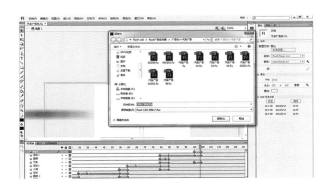

步骤 76，选择文件菜单里的另存为，保存文件，如图：

步骤 77，按键盘上的 [Ctrl+Enter] 发布影片，如图：
本实例制作完成。

|FLASH CS6|

Adobe Flash Professional CS6网络广告
（汽车广告实例制作02）

步骤1，选择随书光盘内 Flash广告实例文件夹，打开汽车广告02 Flash文本，如图：

步骤2，打开后按键盘上的 [F11]（库面板快捷键），查看素材，如图：

步骤3，修改属性面板舞台像素参数为960×100，如图：

步骤4，修改舞台颜色为 #003366，修改参数，如图：

步骤5，选择"图层1"，修改名称为"文字1"，如图：

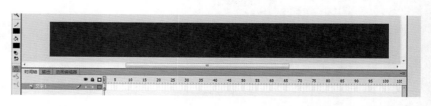

步骤6，选择文字输入工具 **T**，输入文本"外观升级、内饰升级、工艺升级、安全升级"，如图：

步骤7，选择输入的文本点击鼠标右键选择分离，分离后再点击分离一次，如图：

步骤8，选择填充颜色，填充色为线性渐变，如图：

步骤9，选择填充工具，再次填充文字区域，如图：

步骤10，选择渐变变形工具，调整渐变，如图：

步骤11，选择颜色面板，调整颜色效果如图：

调整前　　　　调整后

调整颜色后效果

步骤12，选择"文字"图层，按键盘上的［Alt］键向上拖拽复制出新的文本，效果如图：

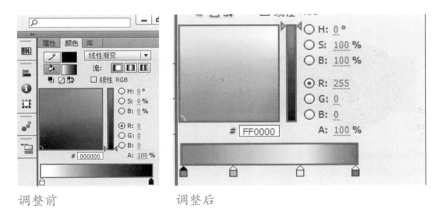

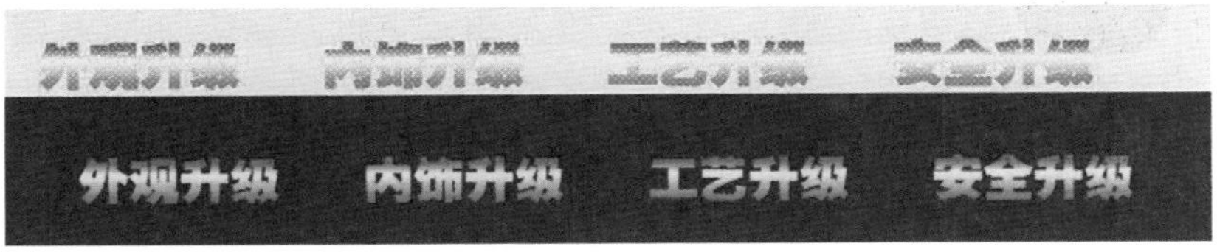

步骤 13，选择原来的文字填充颜色为黑色，如图：

步骤 14，选择复制出来的字体，拖拽回原来的位置，如图：

步骤 15，点击时间轴面板左下角添加图层图标，添加一个新的图层，修改名称为"小球"，如图：

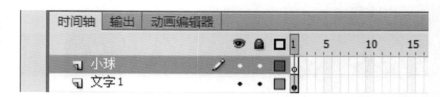

步骤 16，在"小球"图层选择椭圆绘制工具，绘制一个圆形，如图：

步骤 17，双击选择圆形，按F8 转换为元件，效果如图：

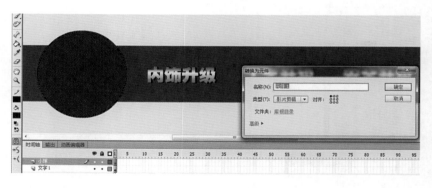

步骤 18，在时间轴 100 帧位置给两个图层按［F5］延长图层时间，如图：

步骤 19，在"小球"层按［F6］，在 1 帧、5 帧、20 帧、25 帧、40 帧、45 帧、60 帧、65 帧、80 帧、85 帧处分别插入关键帧修改小球位置，如图：

第1帧小球位置

第5帧小球位置

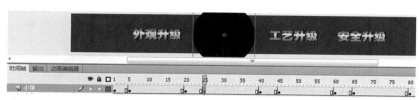

第25帧小球位置

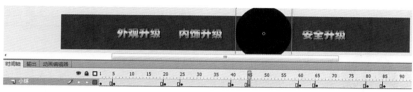

第45帧小球位置

第65帧小球位置

第85帧小球位置　　　　　修改小球大小

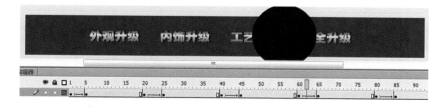

步骤20，在1~5、20~25、40~45、60~65、80~85帧的中间区域添加传统补间动画，如图：

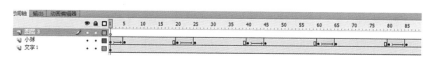

步骤21，点击时间轴面板左下角添加图层图标，添加一个新的图层，如图：

Flash CS6

83—— Adobe Flash Professional CS6网络广告实例讲解

步骤22，选择"文字1"层，按键盘上的［Alt］键复制文字层的文字到"图层3"如图：

步骤23，选择时间轴图层锁的按钮锁定下面两个层，并关闭下面"文字1"图层的显示,如图：

步骤24，修改上面文字图层名称为"文字2"，如图：

步骤25,在"文字2"层的5帧、25帧、45帧、65帧、80帧处按[F6]，插入关键帧，如图：

步骤26，删除"文字2"图层的1帧、5帧、25帧、45帧、65帧、80帧处的文字,如图：

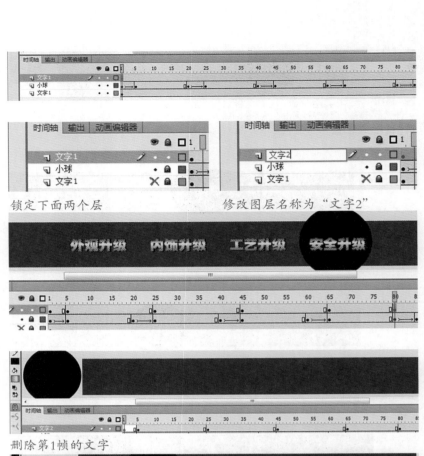

锁定下面两个层　　　　　　修改图层名称为"文字2"

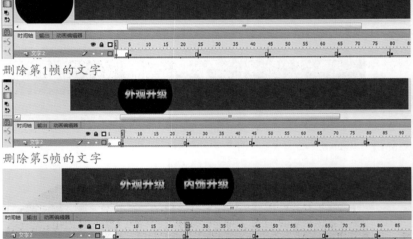

删除第1帧的文字

删除第5帧的文字

删除第25帧的文字

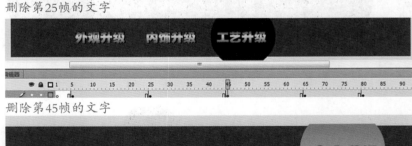

删除第45帧的文字

删除第65帧的文字

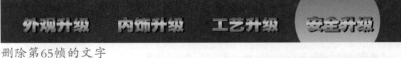

删除第80帧的文字

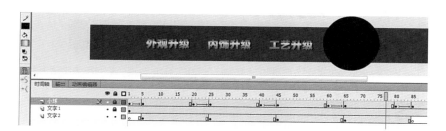

步骤 27，重新排列三个图层位置，如图：

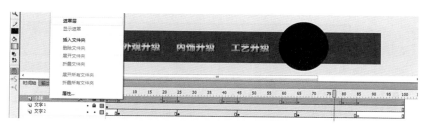

选择遮罩层工具

步骤 28，在"小球"图层点击鼠标右键，选择遮罩层，如图：

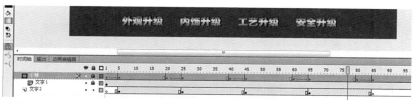

遮罩后效果

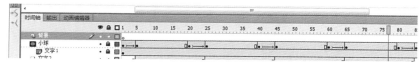

步骤 29，点击时间轴面板左下角新建图层图标，添加一个新的图层，修改名称为"背景"，如图：

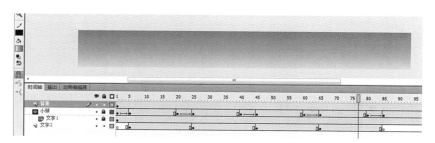

步骤 30，绘制一个矩形修改颜色，如图：

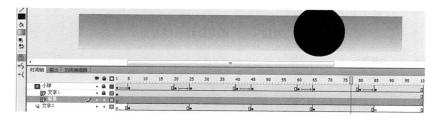

步骤 31，修改"背景"图层排列位置，如图：

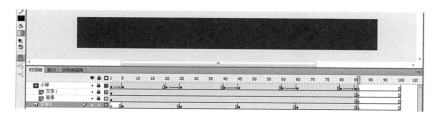

步骤 32，在 86 帧处按〔F7〕给所有图层添加空白关键帧，如图：

|FLASH CS6|

步骤 33，点击时间轴面板左下角添加图层图标，添加一个新的图层，修改名称为"背景2"，如图：

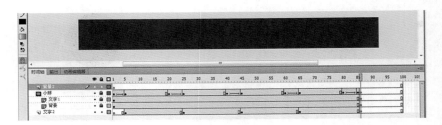

步骤 34，拖拽库面板里的位图 2，进入舞台区域，如图：

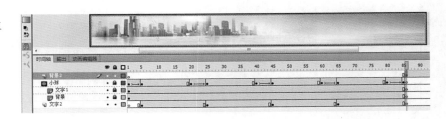

步骤 35，选择位图 2，按 [F8] 转换为元件，如图：

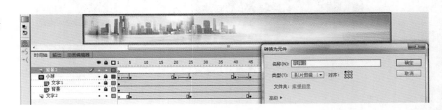

步骤 36，点击时间轴面板左下角新建图层图标，添加一个新的图层，修改名称为"汽车"，如图：

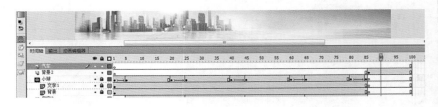

步骤 37，选择库面板里的元件 250 位图，在"汽车"图层 85帧处拖拽入舞台，如图：

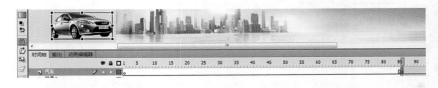

步骤 38，将"背景"层与"汽车"层按 [F5] 延长时间轴时间到 185 帧，如图：

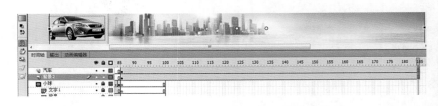

步骤 39，选择"汽车"图层元件，在 90 帧处按 [F6] 插入关键帧，修改 90 帧的位置，如图：

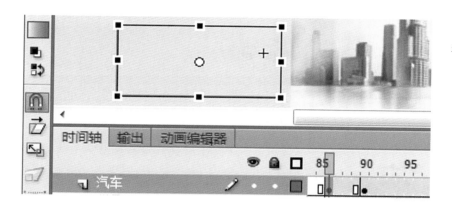

步骤 40，点击 85 帧汽车元件处修改 Alpha 参数为 0，如图：

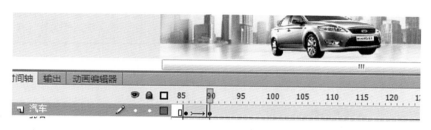

步骤 41，在 85~90 帧的中间区域创建传统补间动画，如图：

新建图层，修改名称为"车灯1" 新建元件

步骤 42，点击时间轴面板左下角新建图层图标，添加一个新的图层，修改名称为"车灯1"，如图：

步骤 43，选择文件菜单插入新建元件命令创建一个新的元件，如图：

步骤 44，修改元件名称为"车灯"，如图：

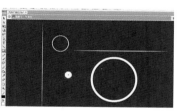

修改内径为90

步骤 45，选择基本椭圆工具，绘制一个椭圆，修改内径为90，如图：

步骤 46，继续绘制椭圆，如图：

步骤 47，选择窗口菜单，对齐面板，修改对齐模式为垂直中齐与水平中齐，如图：

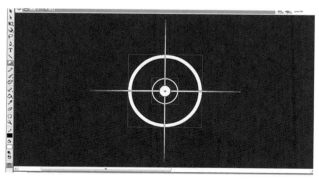

步骤 48，点击场景 1，回到场景 1，在"车灯 1"图层 90 帧的位置插入关键帧，将车灯元件拖拽入舞台，如图：

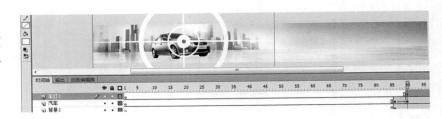

步骤 49，修改车灯元件的位置、大小，如图：

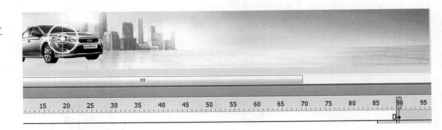

步骤 50，在"车灯 1"图层的 95 帧、100 帧处按 [F6] 插入关键帧，修改图形大小与透明度，如图：

90帧和100帧处的Alpha值为0　　　95帧处修改大小，添加模糊特效

步骤 51，在 90~100 帧的中间区域添加创建传统补间动画，如图：

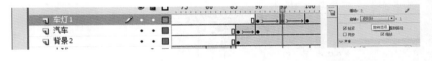

步骤 52，在 90 帧与 95 帧处给动画添加旋转动画，如图：

步骤 53，点击时间轴面板左下角新建图层图标，添加一个新的图层，修改名称为"车灯 2"，如图：

步骤 54，"车灯 2"动画制作方法如"车灯 1"方法一样，在这不再做讲述。完成，效果如图：

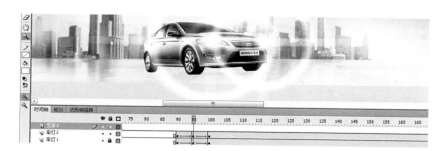

步骤 55，点击时间轴面板左下角新建图层图标，添加一个新的图层，修改名称为"文字 3"，如图：

步骤 56，在 95 帧处按 [F6] 插入关键帧，点击库面板里的元件 291，拖拽入舞台，如图：

步骤 57，在 95 帧、100 帧、105 帧处插入关键帧，如图：

步骤 58，在 95 帧处，选择任意变形工具修改文字大小，并修改 Alpha 值为 0，如图：

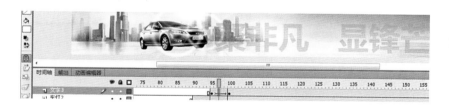

步骤 59，在 95~100 帧的中间区域创建传统补间动画，如图：

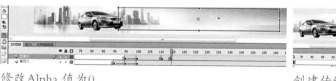

修改 Alpha 值为 0

创建传统补间动画

步骤 60，在 110~115 帧处插入关键帧，修改 115 帧处文字的大小，并修改 Alpha 值为 0，如图：

步骤 61，在 110~115 帧的中间区域创建传统补间动画，如图：

步骤 62，点击时间轴面板左下角新建图层图标，添加一个新的图层，修改名称为"文字 4"，如图：

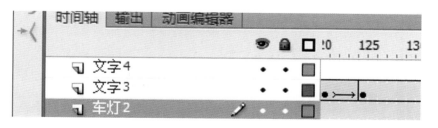

Flash CS6

步骤 63，在 120 帧处按［F6］
插入关键帧，输入文本"2013荣
智旗舰款闪亮上市"，效果如图：

步骤 64，选择"文字 4"层
中的文字按［F8］转换为元件，
如图：

步骤 65，双击文字元件，进
入元件里，编辑文字颜色，如图：

步骤 66，选择文字点击鼠标
左键，选择分离文字两次，如图：

分离1次效果　　　　　　　　分离2次效果

步骤 67，修改文字颜色，如
图：

步骤 68，点击场景 1，回到
场景 1，如图：

步骤69，在125帧处插入关键帧，如图：

步骤70，在120帧处修改文字元件的Alpha值为0，并修改元件大小，如图：

步骤71，在120~125帧的中间区域点击鼠标右键选择创建传统补间动画，如图：

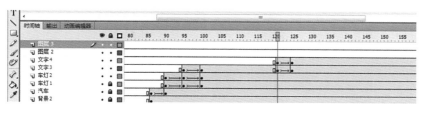

步骤72，点击时间轴面板左下角新建图层图标，添加两个新的图层，如图：

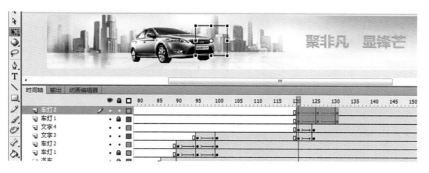

步骤73，选择"车灯1"和"车灯2"两个图层的车灯动画部分，按键盘上的[Alt]键复制帧到新建的两个图层的120帧位置，如图：

步骤74，选择文件菜单，点击文件另存为，保存文件，如图：

步骤75，按键盘上的[Ctrl+Enter]发布影片，如图：
本实例制作完成。

第三节
Adobe Flash Professional CS6网络广告
（汽车广告实例制作03）

步骤1，选择随书光盘内Flash广告实例文件夹，打开汽车广告03 Flash文本，如图：

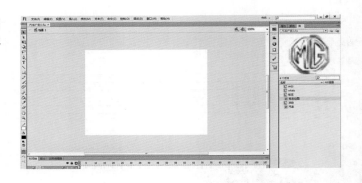

步骤2，修改场景的舞台像素为800×120，如图：

步骤3，选择"图层1"双击图层修改图层名称为"logo"，如图：

步骤4，点击库面板，选择"MG3"影片剪辑和"标志"影片剪辑两个文件拖拽入舞台区域，位置如图：

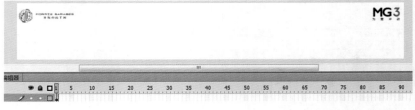

步骤 5，点击时间轴面板左下角新建图层图标，添加一个新的图层，修改名称为"文字 1"，如图：

步骤 6，拖拽库面板内的"whats"影片剪辑，进入舞台，位置如图：

步骤 7，点击时间轴面板左下角添加图层图标，添加一个新的图层，修改名称为"文字 2"，如图：

步骤 8，拖拽库面板内的"冲动"影片剪辑，进入舞台，位置如图：

步骤 9，点击时间轴面板左下角新建图层图标，添加一个新的图层，修改名称为"？"，如图：

步骤 10，在"？"层选择文本输入工具输入文本"？"，位置如图：

步骤 11，选择"？"，按 [F8] 转换为元件，如图：

步骤 12，双击"？"影片剪辑，进入元件 1 进行编辑"？"的动画，如图：

步骤 13，在第 3 帧、6 帧、9 帧处按［F6］插入关键帧，修改旋转角度，如图：

第3帧旋转角度　　　第6帧旋转角度　　　第9帧旋转角度

步骤 14，选择场景 1，回到主场景 1，如图：

步骤 15，在时间轴 80 帧的位置按［F5］给所有图层延长时间到 80 帧处，如图：

步骤 16，选择"字体 1"图层，在第 5 帧的位置按［F6］插入关键帧。效果如图：

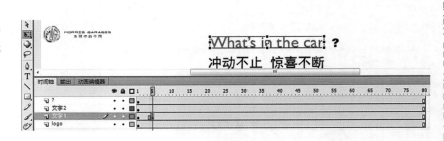

步骤 17，在"字体 1"图层的开始帧处使用任意变形工具，修改文字的缩放和 Alpha 值为 0，如图：

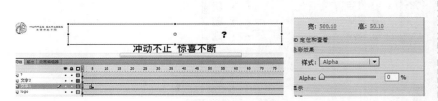

步骤 18，在"字体 1"图层 1~5 帧的中间区域点击鼠标右键选择创建传统补间动画，如图：

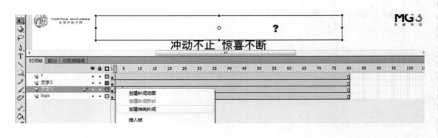

步骤 19，选择"？"图层，在第 5 帧位置按［F6］插入关键帧，如图：

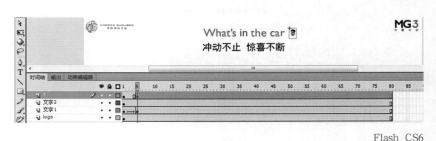

步骤 20，在"？"图层的开始位置修改"？"图层的缩放与 Alpha 值为 0，效果如图：

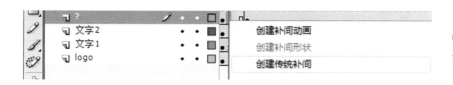

步骤 21，在"？"图层 1~5 帧的中间区域创建传统补间动画，如图：

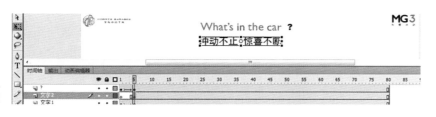

步骤 22，选择"文字 2"图层，拖拽第 1 帧的关键帧到第 5 帧位置，如图：

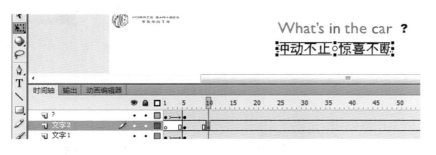

步骤 23，在"文字 2"图层第 10 帧按[F6]插入关键帧，如图：

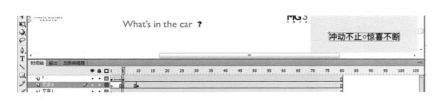

步骤 24，在"文字 2"图层第 5 帧，移动元件位置，如图：

步骤 25，点击"文字 2"图层第 5 帧的元件，在属性栏添加模糊特效，效果如图：

步骤 26，在"文字 2"图层 1~5 帧的中间区域点击鼠标右键选择创建传统补间动画，如图：

|FLASH CS6|

步骤27，点击时间轴面板左下角新建图层图标，添加一个新的图层，修改名称为"汽车"，如图：

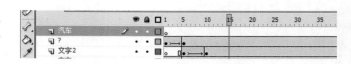

步骤28，在"汽车"图层的第10帧按［F6］插入关键帧，效果如图：

步骤29，选择库面板的"汽车"位图，拖拽入舞台，位置如图：

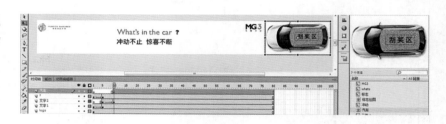

步骤30，按［F8］键转换为影片剪辑，如图：

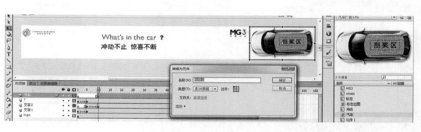

步骤31，在第20帧处插入关键帧，移动位置，如图：

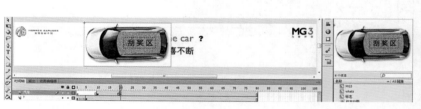

步骤32，在10~20帧的中间区域点击鼠标右键选择创建传统补间动画，如图：

步骤33，选择"？"、"文字1"、"文字2"图层在10帧的位置按［F6］插入关键帧，如图：

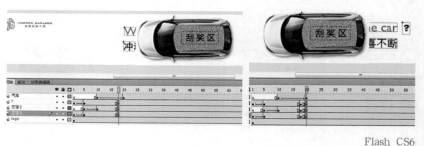

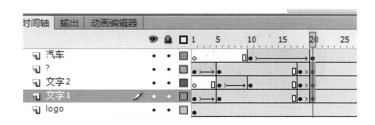

步骤 34，在"？"、"文字1"、"文字2"图层在 20 帧的位置按 F6 插入关键帧，如图：

步骤 35，给"？"、"文字1"、"文字2"三个图层创建传统补间动画，如图：

步骤 36，修改"？"、"文字1"、"文字2"三个图层的元件，并修改 Alpha 值为 0，效果如图：

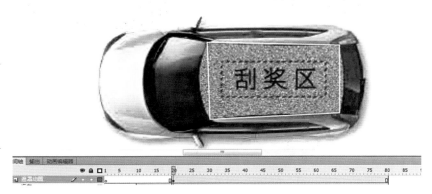

步骤 37，点击时间轴面板左下角新建图层图标，添加一个新的图层，修改名称为"遮罩动画"，如图：

步骤 38，点击"遮罩动画"图层选择工具栏直线工具，在舞台上绘制一个矩形，如图：

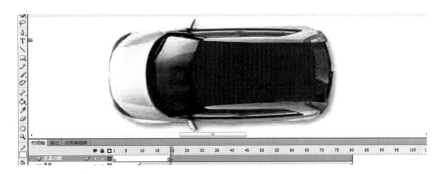

步骤 39，选择箭头工具修改线的外形，并填充颜色为黑色，如图：

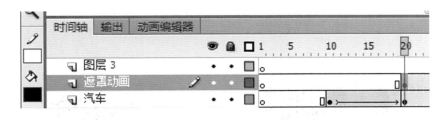

步骤 40，点击时间轴面板左下角新建图层图标，添加一个新的图层。

步骤 41，按 [Alt] 键拖拽"遮罩动画"图层 20 帧处的关键帧复制到"图层 3"的 20 帧处，如图：

步骤 42，将新复制出的图层修改名称为"米字"，如图：

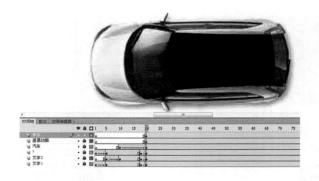

步骤 43，点击图层锁按钮，锁住其他图层，如图：

步骤 44，修改"米字"图层，绘制一个"米"字图层，如图：

步骤 45，填充颜色，如图：

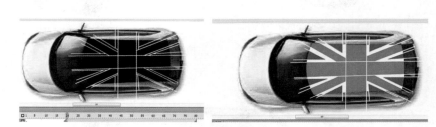

步骤 46，选择"米字"图层，删除图层上面的所有线，效果如图：

步骤 47，将"遮罩动画"图层拖拽到图层最上面，如图：

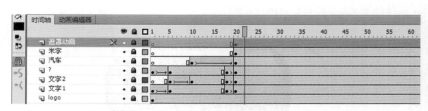

步骤 48，打开"遮罩动画"图层的图层锁，效果如图：

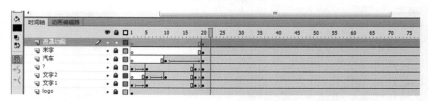

步骤 49，点击"遮罩动画"图层，选择橡皮工具，擦除矩形，如图：

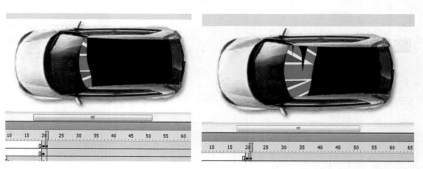

步骤50,按[F6]插入关键帧,继续擦除矩形,如图:

步骤51,继续按[F6]插入关键帧,继续使用橡皮工具擦除矩形,一直将矩形擦除完,如图:

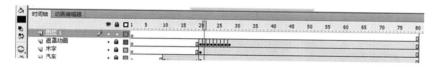

步骤52,点击时间轴面板左下角新建图层图标,添加一个新的图层,如图:

步骤53,选择"汽车"图层按[Alt]键,将20帧复制到新建图层,将新建图层名称修改为"汽车2",如图:

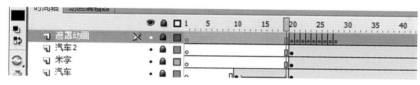

步骤54,重新排列"汽车2"、"遮罩动画"、"米字"三个图层的顺序,如图:

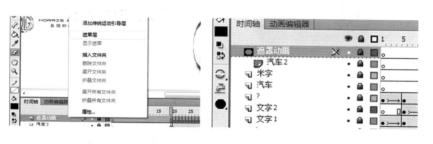

步骤55,选择"遮罩动画"图层点击右键,选择遮罩层,如图:

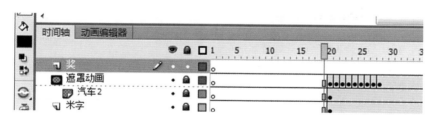

步骤56,点击时间轴面板左下角新建图层图标,添加一个新的图层,修改图层名称为"奖",如图:

步骤57,在20帧处,按[F6]插入关键帧,输入文本"奖",文字颜色为红色,如图:

步骤 58，选择文本"奖"，
按［F8］转换为元件，如图：

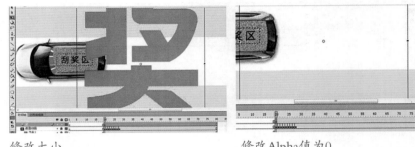

步骤 59，选择"奖"元件在
25 帧的位置，按［F6］插入关键
帧，在 20 帧处，修改 Alpha 值为 0，
如图：

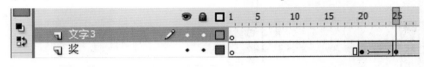

修改大小　　　　　　　　　　　　　　修改 Alpha 值为 0

步骤 60，点击时间轴面板左
下角新建图层图标，添加一个新
的图层，修改图层名称为"文字 3"，
如图：

步骤 61，在 25 帧处按［F6］
插入关键帧，输入文本"炫酷车
顶个性定制"，如图：

步骤 62，选择"炫酷车顶个
性定制"文本，按［F8］转换为元件，
如图：

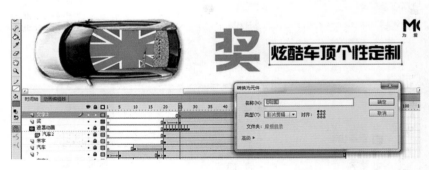

步骤 63，在 30 帧插入关键
帧，修改 25 帧的位置与 Alpha 值
为 0，如图：

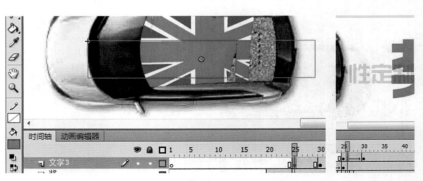

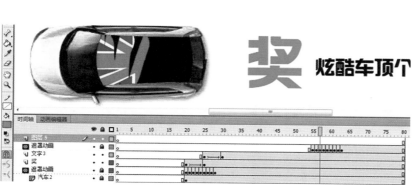

步骤64，在25~30帧的中间区域创建传统补间动画，如图：

步骤65，点击时间轴面板左下角新建图层图标，添加一个新的图层，如图：

步骤66，按[Alt]键复制"遮罩动画"图层的动画到新图层的55帧，如图：

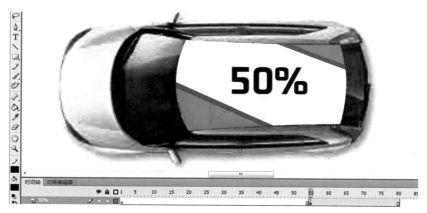

步骤67，点击时间轴面板左下角新建图层图标，添加一个新的图层，如图：

步骤68，按[Alt]键复制"米字"图层到新图层的55帧，如图：

步骤69，点击时间轴面板左下角新建图层图标，添加一个新的图层，修改名称为"50%"，如图：

步骤70，在"50%"图层的55帧处绘制图形，如图：

步骤71，重新排列"50%"、"遮罩动画"、"米字"三个图层的顺序，如图：

步骤72，选择"遮罩动画"图层点击鼠标右键，选择遮罩层，如图：

步骤73，在图层"奖"和"文字3"图层的55帧与60帧处插入关键帧。

步骤 74，修改图层"奖"的
60 帧的缩放与 Alpha 值为 0，如图：

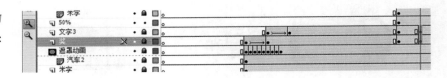

步骤 75，将图层"文字 3"
的 60 帧修改位置与 Alpha 值为 0，
如图：

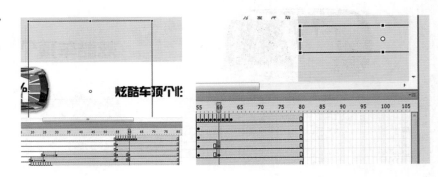

步骤 76，在图层"奖"和
"文字 3"图层的 55 帧与 60 帧中
间创建传统补间动画，如图：

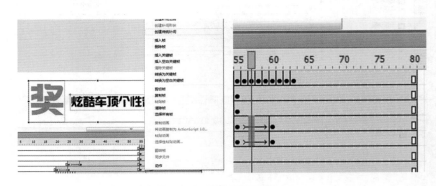

步骤 77，点击时间轴面板左
下角新建图层图标，添加一个新
的图层，修改名称为"奖 2"，在
库面板选择元件 3 拖拽入舞台，
如图：

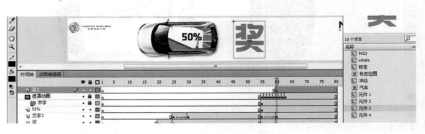

步骤 78，在 65 帧处按［F6］
插入关键帧，修改 60 帧位置元件
的位置缩放与 Alpha 的值为 0，如
图：
步骤 79，在 60~65 帧的中间
区域创建传统补间动画，如图：

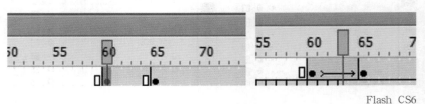

Flash CS6

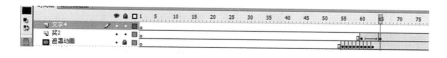

步骤 80，点击时间轴面板左下角新建图层图标，添加一个新的图层，修改图层名称为"文字4"，如图：

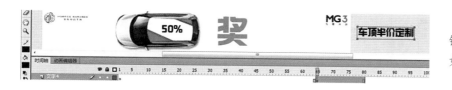

步骤 81，在 65 帧处插入关键帧，输入文本"车顶半价定制"，如图：

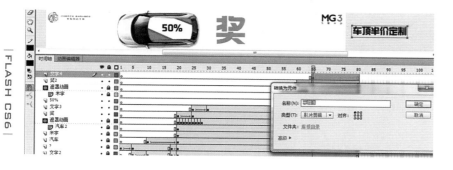

步骤 82，选择文本"车顶半价定制"按［F8］转换为元件，如图：

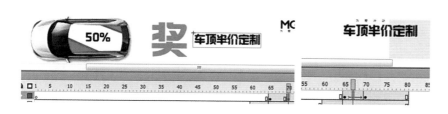

步骤 83，在 70 帧位置插入关键帧，修改文字元件位置，如图：

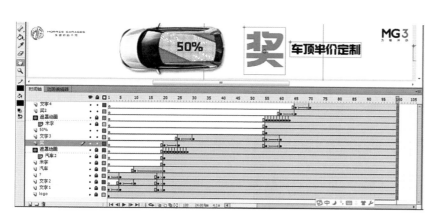

步骤 84，在 65 帧与 70 帧之间创建传统补间动画，如图：

步骤 85，在所有图层的 100 帧处按［F5］插入帧，延长时间，如图：

步骤86，选择文件菜单，点
击另存为，保存文件，如图：

步骤87，按键盘上的［Ctrl+
Enter］键发布影片。如图：
本实例制作完成。

第七章

Adobe Flash Professional CS6网页制作实例讲解

授课时数：12课时

教学目标：学生通过本章的学习，能够掌握Adobe Flash Professional CS6的网页制作方法。

教学重点：重点讲解Adobe Flash Professional CS6网页的创作与制作方式。

教学难点：使学生熟悉Adobe Flash Professional CS6脚本运用。

作业要求：学生能按照讲解的实例，使用Adobe Flash Professional CS6制作出主题明确、设计精美的网页。

步骤1，创建一个 AS2.0 的 Flash 文件，如图：

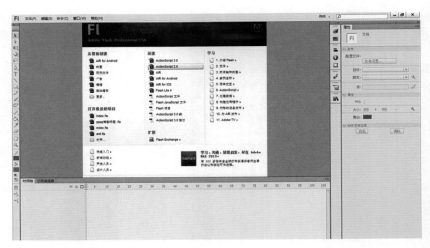

步骤2，修改页面大小为 1300×700，如图：

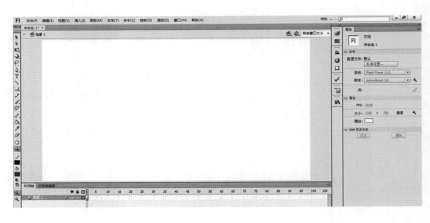

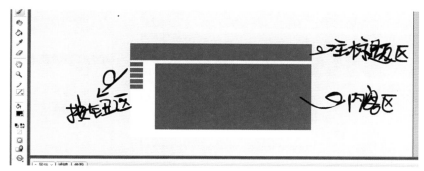

步骤 1，将舞台分割成以下
三个区域，如图：

静态部分制作

步骤 1，主标题区域制作，选择主标题区域，按［F8］转换元件，属性选择影片剪辑，修改名称为"网站主 logo 制作"，如图：

步骤 2，双击元件，进入元件编辑，如图：

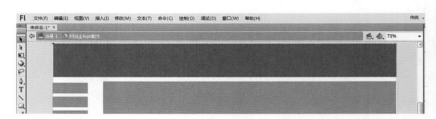

步骤 3，使用文件导入命令，导入 logo，如图：

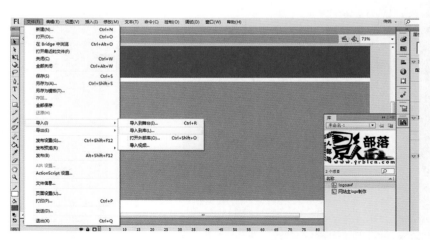

步骤 4，拖拽 logo.swf 进入元件，并更改大小，如图：

步骤 5，在影片剪辑里添加三个图层，使用文本输入工具分别输入文本，"商业影视创意智作"、"Commecial Video Creation"和分隔线条，如图：

制作完成 Logo 的静态部分。

首先给 Logo 制作动画

步骤 1，选择 Logo，按键盘上的 [F8] 转换元件为影片剪辑，双击元件，进入 Logo 动画元件，修改图层名称为"LOGO"，如图：

转换元件，修改元件名称　双击元件进入Logo动画元件　修改图层名称为LOGO

步骤 2，选择插入→新建元件，创建一个新的元件，属性为影片剪辑，名称为 LOGO_ 动画，如图：

选择插入→新建元件　修改名称为LOGO_动画

步骤 3，选择基本矩形工具绘制一个矩形，修改内径为 80，如图：

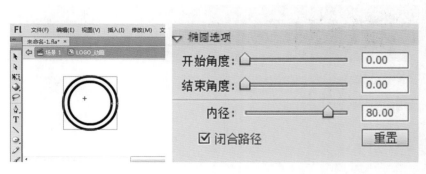

步骤 4，修改填充色与边线颜色，如图：

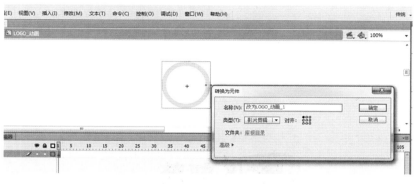

步骤 5，选择空心圆按键盘上的［F6］转换为元件，修改元件名称为"LOGO 动画 1"，如图：

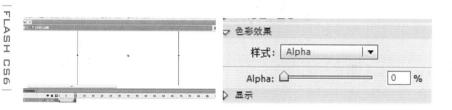

步骤 6，在 10 帧的位置插入关键帧，修改其缩放与 Alpha 值为 0，如图：

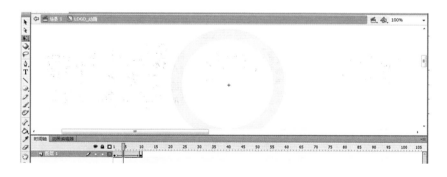

步骤 7，在 1~10 帧的中间区域，点击鼠标右键选择创建传统补间动画，如图：

选择1~10帧   Alt键复制

步骤 8，添加图层 6 个，选择 1~20 帧，按下键盘上的［Alt］键复制帧于新建图层上，排列方式如图：

步骤 9，在动画的最后一帧
按［F9］加入脚本 stop，如图：

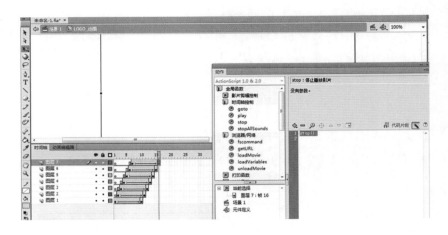

步骤 10，双击库面板里面的
Loog 动画元件，如图：

步骤 11，在 logo 动画元件
里添加图层并改名为"动画"，将
做好的"LOGO_动画"拖拽进该层，
再将动画层放入 logo 层底下，如
图：

创建图层　　　　　拖拽"LOGO_动　　修改图层上下位置
　　　　　　　　　画"进入动画层

步骤 12，复制 logo 层，设
置最上面的图层为遮罩层，如图：

logo 动画最终效果。

Flash CS6

第五节
字体动画部分

步骤 1，选择网站主页 logo 制作元件，双击进入编辑，如图：

步骤 2，选择英文字体图层点击英文，转换为元件，名称改为"动画 _ 英文"，如图：

Ctrl+B分离1次的效果

步骤 3，双击英文字体，进入编辑，使用［Ctrl+B］分离字体两次，如图：

Ctrl+B分离2次的效果

选择分散到图层   分散到图层后

步骤 4，使用右键在分离好的文字上点击，选择分散到图层，如图：

Flash CS6

步骤 5，把每个图层的字体
转换为元件。如图：

步骤 6，转换完成后，统一
插入关键帧，修改位置、颜色、
Alpha 值，创建传统补间动画，如
图：

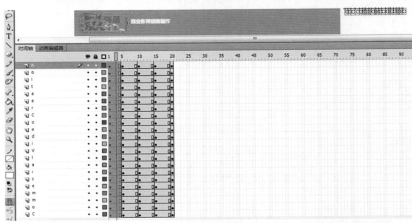

第一排关键帧字体的位置

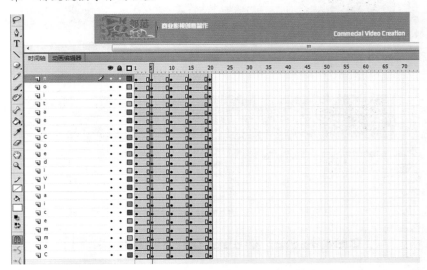

第二排关键帧字体的位置

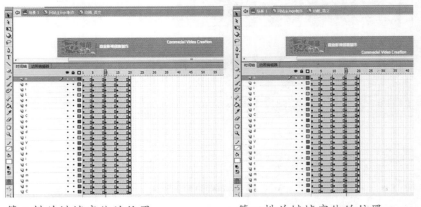

第三排关键帧字体的位置　　　　第四排关键帧字体的位置

Flash CS6

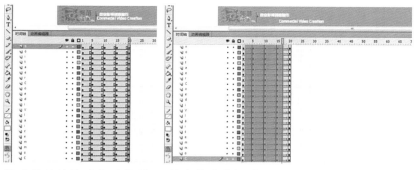

第五排关键帧字体的位置　　创建传统补间动画后

修改属性为旋转

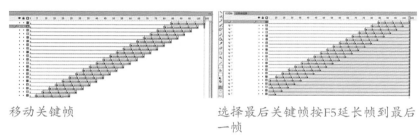

移动关键帧　　　　　　　选择最后关键帧按F5延长帧到最后
　　　　　　　　　　　　一帧

在最后一个关键帧输入脚本stop

步骤7，移动关键帧，在最后一个关键帧输入脚本stop，如图：

步骤8，按［Ctrl+Enter］键测试动画，如图：

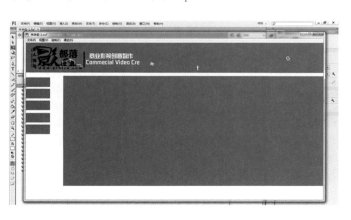

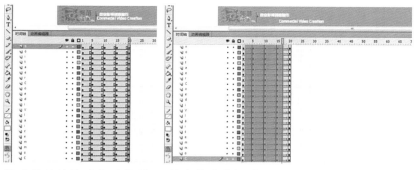

步骤 9，选择文件菜单下导入→导入到库命令，导入 logo 底纹，添加网页 logo 部分底纹，如图：

 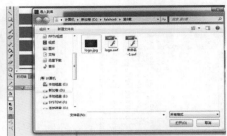

选择文件菜单→导入→导入到库　选择随书光盘下网页文件夹下素材文件夹里的背景图

步骤 10，双击网站主 logo 制作影片剪辑，选择 logo 层，使用颜料桶工具(K)，选择位图填充，如图：

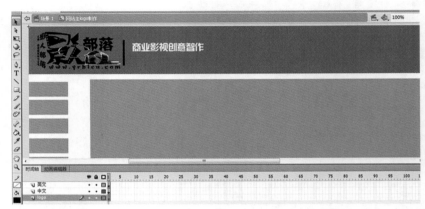

双击网站主logo制作影片剪辑，选择logo层

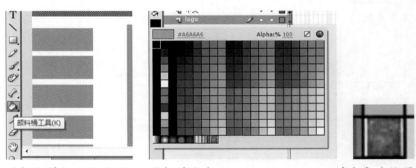

选择颜料桶工具（K）　选择填充色　填充色为位图

logo底纹填充最终效果

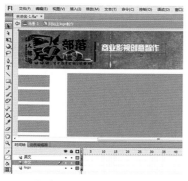 

步骤 11，选择 logo 动画和文字图层分别加入滤镜阴影效果，如图：

加入滤镜阴影效果　　　　　选择logo动画和文字层

加入滤镜阴影效果后最终效果

步骤 12，在库面板里新建主页 logo 文件夹，把所有文件放里面，如图：

在库面板里新建文件夹　命名为主页logo　　　　归类后

第六节
按钮部分制作

步骤1，按钮美化，选择场景中蓝色的小矩形，按键盘上的［F8］转化为按钮，如图：

转化为按钮

步骤2，双击转换好的按钮，进入按钮元件，开始编辑，如图：

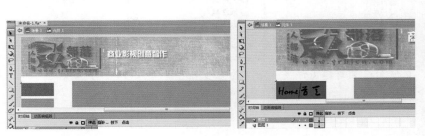

步骤3，添加图层，输入文本"首页"，Home，如图：

步骤4，在鼠标滑过时，用鼠标点击按下位置插入关键帧，或按快捷键［F6］，如图：

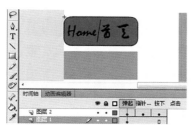 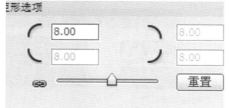

步骤 5，按钮底纹制作，选择蓝色矩形删除，使用基本矩形工具重新绘制一个 90x30 的矩形，矩形选项里，把数值改为 8，如图：

矩形选项值改为8

步骤 6，选择颜色桶工具，线性填充，如图：

步骤 7，使用渐变变形工具，或按快捷键[F]修改填充色，如图：

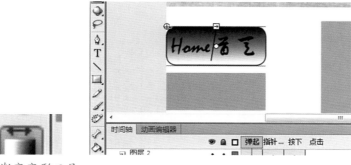

渐变变形工具

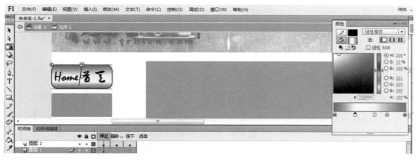

步骤 8，选择窗口颜色菜单，继续编辑填充颜色，如图：

步骤 9，添加滤镜，渐变斜角。参数如图：

按钮静态部分完成

步骤 10，选择新建元件，创建一个影片剪辑，命名为"按钮动画"，如图：

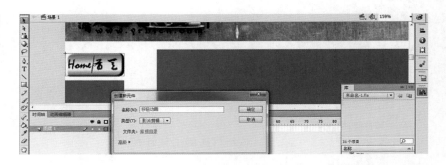

步骤 11，选择文件导入→导入到库命令，导入序列文件粒子1~粒子30文件到库里，如图：

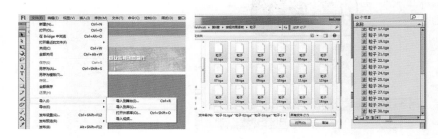

步骤 12，将粒子 1 文件拖入按钮动画元件里，按〔F6〕插入关键帧至 30 帧处，如图：

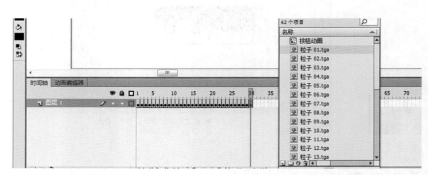

插入关键帧

步骤 13，在每个关键帧上，点击图形，选择交换，如图：

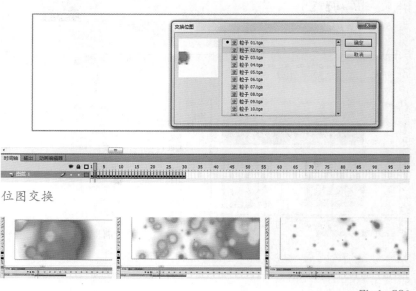

位图交换

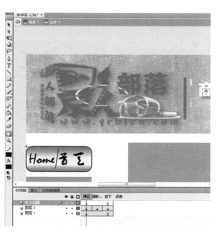

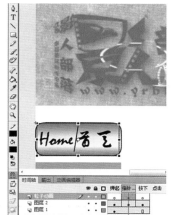

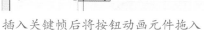

插入关键帧后将按钮动画元件拖入

步骤 14，双击主页按钮元件，进入按钮编辑，添加图层，命名为"动画"，在指针经过处，插入关键帧［F6］，将按钮动画元件拖入此处，点击按下处插入空白关键帧，或按快捷键［F7］,如图：

步骤 15，导入音效文件入库，如图：

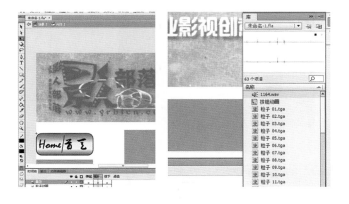

步骤 16，添加图层，在指针滑过处插入关键帧，添加声音到此位置，如图：

步骤 17，按［Ctrl+Enter］键测试动画效果，如图：

步骤 18，选择按钮，使用直接复制，复制按钮 4 个，如图：

选择直接复制　　　　　修改名称

步骤 19，双击复制出来的按钮，重新编辑文字图层，如图：

步骤 20，继续完成其他按钮的制作，如图：

按钮部分制作完成

步骤 21，给背景填充位图，最终效果如图：

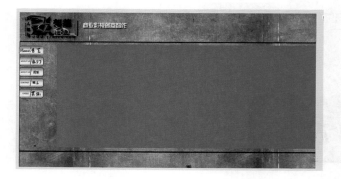

第七节
网页子页面制作

子页面静态部分

步骤 1，选择舞台中蓝色矩形部分，记下坐标位置，如图：

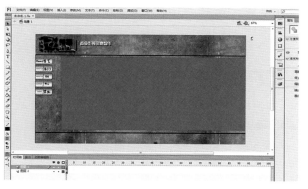

步骤 2，剪切蓝色矩形部分，新建一个 Flash2.0 文档，修改舞台尺寸为 1300x700，粘贴矩形，修改位置，如图：

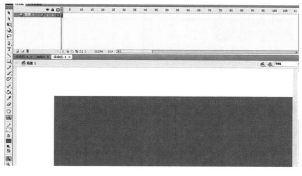

步骤 3，文件保存为 WOMEN，保存路径为 index 文件同一文件夹内，如图：
子页面静态部分完成。

子页面公共动态部分制作

步骤 4，选择背景图层，在 20 帧位置插入关键帧，修改第一帧的形状，创建形状变形，如图：

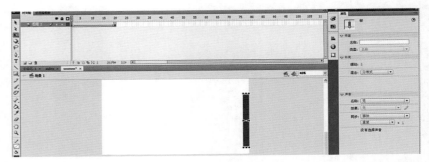

第1个关键帧

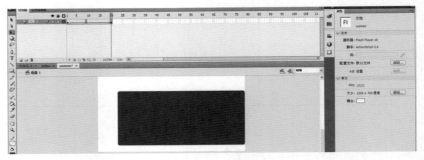

第20个关键帧

步骤 5，在 20 帧的位置，输入脚本 stop，如图：

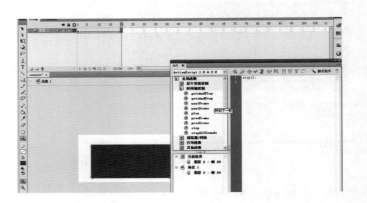

步骤 6，文件分别另存为，anli, tuandui, lianxi，如图：

子页面公共动态部分完成。

选择文件另存为

另存为anli　　　　　　　　　另存为tuandui

另存为lianxi

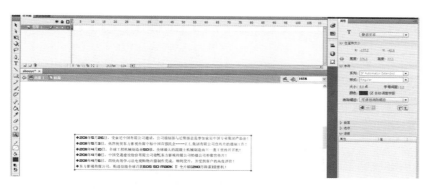

子页面内容制作
Shouye 页面内容制作

　　步骤 7，新建图层，选择新建元件，创建一个影片剪辑，命名为"新闻"，添加内容，如图：

　　步骤 8，新建图层，继续编辑，如图：

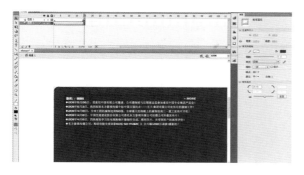

　　步骤 9，在新建图层的 20 帧位置插入关键帧，将新闻影片剪辑拖入舞台，如图：

步骤 10，继续添加元件案例，如图：

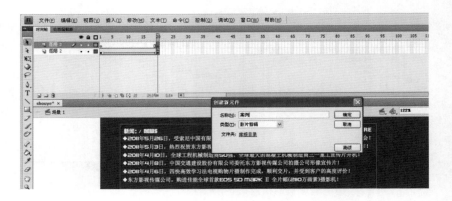

步骤 11，进入元件添加图层继续编辑，如图：

步骤 12，将元件添加到图层 3 的 20 帧位置，如图：

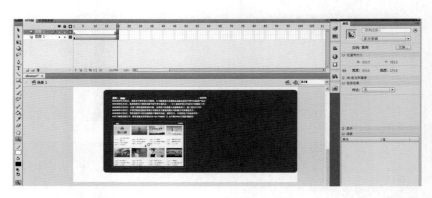

步骤 13，使用窗口组件，添加文字组件，如图：

窗口组件　　　　　　　　添加组件TextArea

Flash CS6

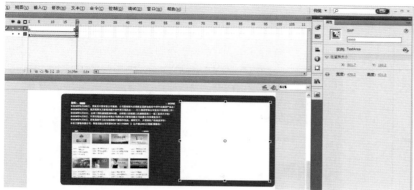

组件命名

步骤14,修改组件大小位置,给组件命名为"aaa",如图:

步骤15,在FLASH网页部分文件夹下创建一个文本文件,命名为"gsjj.txt"文件。如图:

步骤16,gsjj.txt文件内容格式,开头用XX=,需要分段的用■分,如图:

步骤17,在图层3的20帧处输入脚本如下:

```
var aaa:mx.controls.
TextArea;\\aaa 为我们建立的字体组件 TextArea 名称
var A:LoadVars=new
LoadVars();
A.onLoad=function(s)
{if(s){aaa.text=this.
xx;}else{trace("not
loaded");};};
```

A.load("gsjj.txt");\\ 要连接的文件名称

aaa.fontSize=14

aaa.setStyle("color", 0xFFFFFF);\\ 字体颜色

aaa.
setStyle("backgroundColor", 0x003299);\\ 背景颜色，效果如图：

Shouye 页面制作完成。

Women 页面制作

步骤：打开 Women，页面文档，新建图层，创建一个字体组件 TextArea，命名为 "aaa"，在新建图层 20 帧处，插入关键帧，输入脚本 var aaa:mx.controls.TextArea;\\aaa 为我们建立的字体组件 TextArea 名称 var A:LoadVars=new LoadVars();

A.onLoad=function(s)
{if(s){aaa.text=this.xx;}
else{trace("notloaded");}};

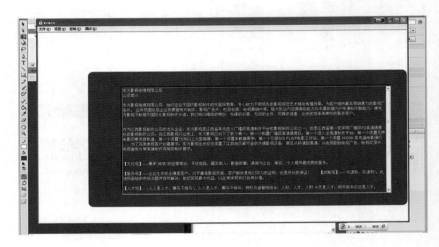

A.load("gsjj.txt");\\ 要连接的文件名称

aaa.fontSize=14

aaa.setStyle("color", 0xFFFFFF);\\ 字体颜色

aaa.
setStyle("backgroundColor", 0x003299);\\ 背景颜色，如图：

Women 页面制作完成。

第六部分页面链接

步骤 1，打开 index 页面，选择图层 1 的第一帧，输入 loadMovieNum("shouye.swf",1);\\ 将 shouye.swf 文件调入，如图：

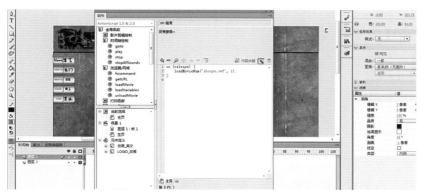

步骤 2，按［Ctrl+Enter］键发布预览效果，如图：

index 页面与 Shouye 页面已经合为一个页面。

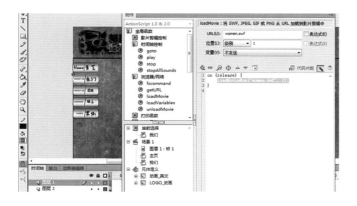

步骤 3，给按钮加入动作脚本，选择首页按钮，输入动作，on(release){loadMovieNum("shouye.swf", 1);}如图：

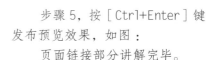

步骤 4，选择按钮，键入动作脚本,on(release){loadMovieNum("women.swf", 1);}如图：

步骤 5，按［Ctrl+Enter］键发布预览效果，如图：

页面链接部分讲解完毕。

（注：其他页面制作方法大同小异，在此不做详细讲述）

图书在版编目（CIP）数据

Flash设计应用 / 张萍萍著. — 南宁：广西美术出版
社，2013.7
全国高等院校设计学十二五规划教材
ISBN 978-7-5494-0781-1

Ⅰ.①F… Ⅱ.①张… Ⅲ.①动画制作软件—高等学
校—教材 Ⅳ.①TP391.41

中国版本图书馆CIP数据核字（2013）第178548号

全国高等院校设计学"十二五"规划系列教材

FLASH设计应用

FLASH Sheji Yingyong

总 主 编：熊建新　宁　钢

副总主编：姚腊远　甘赛雄

编 委 会：刘花弟　李有生　齐瑞文　万　莉　杜　娟　黎　庆　李　平
　　　　　宗梦帆　周卫平　余伟伟　段鹏程　周立堂　陈　檀　欧阳禾子
　　　　　李　珺　陈俊晶　郭博颖　万芬芬　杨　茵　张咏梅　黄金发
　　　　　李军科　张相森　衣　强　张萍萍　黄志明　李苏云
　　　　　况宇翔　胡　璋　涂　波　刘烈辉　何月明

本册著者：张萍萍

图书策划：陈先卓

出 版 人：蓝小星

终　　审：黄宗湖

责任编辑：吴谦诚

装帧设计：熊燕飞

校　　对：廖　行　黄春林

审　　读：蒋　玲

出版发行：广西美术出版社

地　　址：广西南宁市望园路9号（530022）

网　　址：www.gxfinearts.com

制　　版：广西雅昌彩色印刷有限公司

印　　刷：广西大华印刷有限公司

版　　次：2014年1月第1版第1次印刷

开　　本：889 mm×1194 mm　1/16

印　　张：8.5

书　　号：ISBN 978-7-5494-0781-1/TP·9

定　　价：43.00元